Osprey Aircraft of the Aces

Typhoon and Tempest Aces of World War 2

Chris Thomas

Osprey Aircraft of the Aces

オスプレイ軍用機シリーズ
30

ホーカー・タイフーンと テンペストのエース

[著者]
クリス・トーマス
[訳者]
岡崎宣彦

大日本絵画

カバー・イラスト／イアン・ワイリー　　　フィギュア・イラスト／マイク・チャペル
カラー塗装図／クリス・デイヴィー　　　スケール図面／マーク・スタイリング

カバー・イラスト解説

1943年3月12日、第609飛行隊の"ピンキー"・スターク曹長は、ケント海岸沖、ノース・フォアランドとサウス・フォアランドの間を「アンチ・ルーバーブ」(対ドイツ低空侵入攻撃機)哨戒のためレスリー軍曹とともに飛行していた。1015時、彼らはホーンチャーチからの情報を受け取った。「敵機2機以上。東寄りの方向に移動中。カレー沖10マイル(16km)」。イギリス海峡上空をさまざまな機動を行った後、4機のフォッケウルフFw190を視認、第609飛行隊の両機は敵機2機の後方に位置を占めることに成功した。スタークの戦闘報告は以下のように続く。

「私は先行する機を攻撃、後方100ヤード(91m)から射撃を開始、胴体と右主翼に着弾を確認した。何かの数片がその機体から飛散し、コクピットの周りに炎が現れた。広い範囲が炎に包まれるであろうことは明白だ。敵機はゆっくりと左に旋回し、私は衝突を避けるために機体を引き上げた。左に急旋回し下を見ると敵機は30度の角度で降下していくのが見え、機体はほとんど反転していた」

これがスタークにとって最初の空中戦闘戦果である。この後、5機以上の敵機撃墜を果たすことになり、第609飛行隊指揮官として大戦を終える。彼の犠牲となったのは10.(Jabo)/JG54 (第54戦闘航空団第10中隊(ヤーボ))所属のエーミール・ボーシュ曹長「黒の12」(Wk.Nr.0892)であった。ドイツ空軍戦闘爆撃機に対する一連の迎撃作戦で、タイフーン搭載機関砲によって墜とされた42機のFw190のうちの1機である。

"ピンキー"・スタークはこの戦闘に際して、シリアルDN406「PR◎F」に搭乗していたが、この機体は数週間後にマンストンで撮影される有名な一連の被写体となる。主翼付け根上部にあるキルマークは、占領下のフランス、ベルギーに対して夜間侵入し破壊した機関車の数を記したものである。

凡例

■イギリス空軍とドイツ空軍の主な部隊組織については以下のような邦語訳を与え、必要に応じて略称を用いた。このほかの組織についても適宜邦語訳を与えた。

イギリス空軍 (Royal Air Force＝RAF)
Command→軍団、Group→群、Wing→航空団、Squadron→飛行隊、Flight→小隊、Section→分隊
Aeroplane & Armament Experimental Establishment (A&AEEと略称)→航空機および兵器試験評価研究所、Maintenance Unit (MUと略称)→(空軍)整備部隊、Royal Aircraft Establishment (RAEと略称)→王立航空機研究所、Royal Air Force Volunteer Reserve (RAFVRと略称)→(イギリス空軍志願予備部隊)

ドイツ空軍 (Luftwaffe)
Luftflotte→航空艦隊、Geschwader→航空団、Gruppe→飛行隊、Staffel→中隊
Jagdgeschwader (JGと略称)→戦闘航空団、Kampfgeschwader (KGと略称)→爆撃航空団、Schnellkampfgeschwader (SKGと略称)→高速爆撃航空団

■搭載火器について、本書では便宜上口径20mmに満たないものを機関銃、それ以上を機関砲と記述した。

翻訳にあたっては『Osprey Aircraft of the Aces 27 Typhoon and Tempest Aces of World War 2』の1999年に刊行された版を底本としました。[編集部]

目次 contents

6 序文
introduction

7 1章 不信
into service and out?

14 2章 迎撃
jabo hunters

23 3章 新生
'rhubarbs' and 'rangers'

50 4章 侵攻
d-day and 'divers'

64 5章 大陸
holland

77 6章 終戦
final battles

82 7章 エース
top scorers

94 付録
appendices

94 タイフーンまたはテンペストに搭乗していたエース
95 タイフーン／テンペストのエース
96 タイフーン／テンペストのV1撃墜エース

34 カラー塗装図
colour plates

96 カラー塗装図解説

44 パイロットの軍装
figure plates

105 パイロットの軍装解説

序文
introduction

　ホーカー・タイフーンとテンペスト。この2つの航空機の評価は大きく異なっている。タイフーンは、"技術的悪夢"とでもいうべき代物でありながら、対地攻撃機として汚名を挽回し、いっぽうのテンペストは、第二次世界大戦後半の時期においてイギリス空軍（RAF）はもとより、おそらくは当時のあらゆる空軍で使用された航空機のなかでも最高といってよい、低・中高度戦闘機であることを実証した。では、その戦果についてはどうなのか？　不思議なことに、空戦における敵機撃墜数の合計については、両型式ともがほとんど同じような戦果をあげている。タイフーンによるものが246機、そしてテンペストが239機である。純粋な戦闘機任務においてはいずれの機種の成功も、技術的限界によって制約されるというほどではなかった（初期に配備されたものでは、タイフーンが潜在的な問題を少なからず内抱したままであったにもかかわらず）のみならず、それぞれの機種が実戦配備されていた期間に空戦をとりまいていた状況から左右されるものでもなかった。

　当時タイフーンは広く使用されていたが、主にこれは英国本土沿岸の都市を脅かすドイツ空軍戦闘爆撃機の襲撃をもっとも効果的に迎撃するものとして防衛任務に大きく限定されていた。攻撃作戦での目覚ましい成果が短期間それに続いた。とくに長距離燃料タンクが使用可能となったときにであるが、タイフーン軍団が2TAF（第2戦術航空軍）に吸収されるまでのそう長くはない間のことである。Dデイ（ノルマンディ上陸作戦。1944年6月6日）が近づくと、タイフーン飛行隊はことごとくロケット弾か爆弾を装備して近接支援と阻止任務の専従となり、これによって空中戦闘の機会は制限された。

　テンペストが実戦配備されたとき、その空中戦闘における潜在能力は桁外れに大きかった。しかし、空戦という条件についてはすでに時期を逸しており、皮肉にもこの航空機の優秀さゆえ、最初の空中戦果をあげた直後に、ノルマンディでの空戦から対V1防衛の尖兵へと鞍替えさせられてしまった。ヨーロッパ大陸にある2TAF所属戦闘機飛行隊にテンペスト航空団が統合されるまでにまる3カ月が過ぎ去った。Dデイでの航空戦闘を逸することで、2TAF所属のスピットファイア／マスタング航空団に大きな収穫をもたらすことになりながらも、テンペスト部隊は、決然としながらも衰えの隠せないドイツ空軍戦力に対し6カ月間戦闘し、そして戦場を去らねばならなかった。

　このような背景のなかで、タイフーンとテンペストのパイロットが大きな戦果を築き上げる機会はほとんどないかのようにおもわれた。相対的に従来の評価に照らして"エース"となるものはほとんどなかったが、限られた機会を捉えてこれを成し遂げ、ときに全力を尽くしエースを生み出した。すでに印象深い戦果をあげていたパイロットも含め、まさしく能力ある多くのパイロットが存在したのだが、これらの機種に搭乗したがゆえに空戦戦果をあげること

ができなかった者もいた。このなかには、来るべき時のため従来の規範となった高度を刷新し、調整を加えることで地上攻撃技術を開拓するような卓越した技量をもつ果敢で士気の高い指揮官もいた。本書では高位の空戦エースを讃えながらも、その陰に隠れた戦友たちを忘れ去るようなことは決してしないようにしている。

著者より
　本書（原書）の本文では多くのオリジナル戦闘報告書から引用した部分がある。この引用に際しては、単語の綴りや略号、文法などに加筆修正することはいっさいせず、地文との時勢、格などの整合をはかってはいない。

chapter 1

不信
into service and out?

　1942年8月9日。暗灰色と暗緑色に塗り分けられた影が、ノーフォーク海岸にあるクロウマー沖50マイル（80km）の北海上空を軽やかに飛び渡っていた。そのひとつは海面上50フィート（15m）あるかなしか、もうひとつは800フィート（240m）の高さにあった。これらは第266"ローデシア"飛行隊に所属するタイフーンである。第266飛行隊は、イギリス空軍戦闘機軍団で最新鋭の、そしていちばん厄介な戦闘機を飛ばす唯一の"第2前線"部隊であった。

この写真はわずか2葉あるうちの1葉で、第56飛行隊最初のタイフーンIAの装備を白日のもとに晒したものである（原型機同様に、窓のない後方フェアリングを着けている）。"公式"な写真撮影は行われていないらしく、"超極秘"新兵器に関する機密保持は厳格で、特にAFDU（空戦技術開発隊）の本拠地ダックスフォードにおいては、ことさらであった。両翼にそれぞれ6挺ある機関銃口がキャンバスで塞がれていることに注意。写真原版では主翼前縁に微かに「B」の文字が確認できる。これによって、写真の機体はシリアルR7594、機体コード「US◎B」であると推定される。(PAC)

I・M・マンロー少尉、N・J・ルーカス少尉の両パイロットは、ドイツ空軍偵察機を発見すべく水平線の彼方をたんねんに調べていた。

と突然、2時方向、高度0、距離1マイルに航空機が姿を現し急速に接近してきた。回避行動をとるには遅すぎ、その航空機は分隊の真下を通過、機はユンカースJu88と確認された。タイフーン隊は逆方向に急旋回、スロットルを開いて前方に飛び出した。2機のタイフーンは2000馬力以上で駆動し、ASI（対気速度計）の針は360の目盛りに向けて進んでいる。追跡はすぐに終わった。

マンローは真後ろから、ルーカスは右舷に急降下して斜め後方から攻撃した。いずれのタイフーンも600ヤード（550m）から銃撃を開始、距離200（180m）に接近したところで攻撃を止めた。マンロー機に搭載された4門のイスパノ20mm機関砲と、ルーカス機の0.303インチ（7.7mm）機銃12挺が集束した火力によって、ユンカースJu88は炎に包まれ海に落ちて藻屑と消えた。これがホーカー・タイフーンによる最初の戦果であり、パワーと火力の最強のコンビネーションによる多くの戦果の皮切りであるが、それには長い時間がかかった。

いかにしてこのような状況に至ったかを理解するためには、タイフーンの起源を振り返る必要がある。ホーカー社の主任技師であるシドニー・カムは、ホーカー・ハリケーンがかろうじて量産されるようになったことで、彼の思考を後継機に向けた。それはどちらかといえば、一歩一歩堅実な開発を行ったハリケーンに対し、かつてない技術を導入した野心的な飛躍的進歩を狙ったものである。当時、開発途上にあった2000馬力のエンジンを利用した新設計、全金属製の設計のために、伝統とでもいうべき木と羽布の構造を捨て去るつもりであった。

1937年1月の空軍省は、現行のスピットファイアとハリケーンに替わる次世代戦闘機の開発を求める仕様書F.18/37を発行した。なかでも目をひくのは、当時の爆撃機を遙かに凌駕して余りある速力を有する新型航空機を要求していたことである。実際のところ、採用される機体には、高度15000フィート（4500m）で時速400マイル（640km/h）を越える最高速度が期待された。「搭載武装は少なくともブローニング機関銃（口径.303インチ）を12挺、しかも最高速にあっても（武装にとって）堅固なプラットフォーム（銃座）でなければならない」とした[※1]。

タイフーン配備初年の大部分の期間、第56飛行隊を指揮したのがヒュー・"コッキー"（気取り屋）・ダンダス少佐であった。この年の間（指揮していた年）、ダンダスは戦闘結果から見放されるが、第616飛行隊に所属していた1940〜1941年に一連の成果をあげていた。さらに後年、地中海で第324航空団を率いているときにスコアを増やしている。最終的な記録は、撃墜4機、協同撃墜6機、不確実協同2機、撃破2機、協同撃破1機である。（via N Franks）

やっかいものの新型戦闘機を受領した2番目の部隊は、チャールズ・パトリック・グリーン少佐が指揮する第266（ローデシア）飛行隊であった。写真はグリーン少佐の専用機「ZH◎G」のコクピットでの撮影（「ZH◎G」は1942年9月までR7686、1943年2月までR7915、1943年7月までEJ924を使用）。彼は部隊を去ったとき、自身の日誌にこう記入している。「驚嘆すべき飛行機である」。（IWM CH 18164）
（訳者捕捉：グリーン少佐の最終戦果は撃墜11機、不確実撃墜3機、不確実協同1機、撃破1機）

カムは、新型機を2種類設計した。ひとつは、後にヴァルチャーと命名されるロールスロイス社製のエンジンを搭載する機体、もうひとつはセイバー・エンジンとなるネイピア社のものを利用する計画である。それぞれの仕様で試作型の組み立ては1938年3月に始まったが、続いてホーカー社は各々の機体に、"風" に因んだ「トーネード」と「タイフーン」という名称を与えた。

　ハリケーンは当時の他の戦闘機に比して大型であったが、「トーネード」「タイフーン」はその前身となる機種（ハリケーン）にほぼ倍する、6500ポンド（2724kg）に対し11000ポンド（4994kg）という全備重量になった。トーネードの初飛行は1939年12月に行われ、タイフーンのほうはこれに3ヵ月ほど遅れた。試験飛行と開発は1940年春を通してずっと続けられたが、「バトル・オブ・ブリテン」のため、航空機産業は現行型の製造を最大限に行うことを優先、開発は遅延した。

　最初の生産型タイフーンは1941年5月21日まで飛ぶことはなく、最初（で唯一）のトーネードが空中に上がったのは同年8月のことである。しかし後者のヴァルチャー・エンジンに関する些末的ではあるが数々の問題は、ゆくゆくの開発を放棄に導き、結果的にトーネード製造はキャンセルされた。

　いっぽうのタイフーンはグロスター航空機会社の生産ラインを離れ、最初の4機は運用試験のためにA&AEE（航空機および兵器試験評価研究所）とRAE（王立航空機研究所）へ、続く2機はAFDU（空戦技術開発隊）に戦術評価のため送られた。スピットファイアMkVとの比較試験において、タイフーンは14000フィート（4300m）以上では、あらゆる高度で時速40マイル（64km/h）速く、それ以下の高度においては同等の速度であることを示した。もちろん、重量級であるタイフーンは、機動性ではスピットファイアに劣るのだがAFDUはこう結論付けた。タイフーンの高速性能は優位を得るのに充分な可能性を秘めるものであると。

　この航空機を戦闘兵器とするためには多くの改修が必要で、複雑なセイバー・エンジンが信頼に欠けることも承知の上で、戦闘機軍団はタイフーンを新型として配備することを決定したのである。ダックスフォードを基地にしてハリケーンMkⅡBを運用している第56飛行隊がタイフーン部隊として選ばれた。指揮官のプロッサー・ハンクス少佐は「バトル・オブ・フランス」（本シリーズの『Osprey Aircraft of the Aces 18──Hurricane Aces 1939-40』に詳細な記述があるので参照のこと）の初期に"エース"の地位に到達していたが、バト

ダックスフォード・タイフーン航空団は第609飛行隊の編成で完全となった。指揮官は戦争初期の古典『ファイター・パイロット』の著者としても知られるポール・ヘンリー・ミルズ・リッチー少佐であった。ダンダス同様、彼は撃墜記録（撃墜10機、協同撃墜1機、非公認撃墜1機、不確実撃墜1機、不確実協同1機、撃破6機）をのばす機会には恵まれなかったが、タイフーンを適切な作戦任務に運用することに重要な役割を演じることとなった。(P Richey via N Franks)

作戦立案の様子をとらえた1葉。デニス・エドガー・ギラム中佐は最初にタイフーン航空団を率いた人物で、後にドイツ軍司令部や、その他の拠点目標に対する圧倒的な攻撃で有名を馳せる第146航空団を指揮することになる。終戦時にはDSO（殊勲章）と二度のバー（線章：同一勲章を重複して授与された場合の略号）、DFC（殊勲飛行十字章）およびバー、AFC（空軍十字章）を受けていた。
(D E Gillam via N Franks)

ル・オブ・ブリテンのあいだアストン・ダウンで教鞭を執っている時期と後に第257飛行隊で、その戦果を重ねた（9機撃墜、1機不確実協同撃墜）。最初のタイフーンMk IAが届いたのは9月のことで、1941年10月の終わりには部隊の定数に達した。

最初のタイフーンが到着した時期は戦闘機軍団の大改変期に当たっており、1941年のクリスマス直前に新たな指揮官が飛行隊に到着した。ダックスフォード航空団に転属していったプロッサー・ハンクスに替わって、新任の"気取り屋"ダンダス少佐が部隊を引き継いだのである。ハンクスにとって、これは短い任期の職務で1942年2月にはコウルティシャルに移動、数カ月後にはルカ航空団を指揮するためマルタに派遣された（彼はここで最終的なスコアを撃墜13機、不確実撃墜1機、不確実協同3機、撃破6機に伸ばした）。

当時ダンダスは、タイフーンに関連した絶えざる技術的欠陥を背負い込んだことに加え、個人的な問題も抱え込んでいた。足の骨折だ。"メス・ラガー"（士官クラブのラグビー試合）でしくじった結果であった。自伝『Flying Start』のなかで、引き継ぎに関する問題の広がりを彼は以下のように吐露している。

「タイフーンに対する熱狂振りは、控え目にいったとしても、あまり気乗りのするものではないことがすぐに判明した。これら新型機の第一陣が到着したのが9月のことで、それからというもの問題ばかりが続いていた。11月1日に致命的な事故が起きた。タイフーンに乗った部隊の士官が高度3000フィート（910m）から地面に向かって一直線に不可解な急降下を行ったのである。後にパイロットが一酸化炭素中毒にかかっていたことがわかり、タイフーンはただちに全機飛行禁止となった。私が飛行隊に着任したのが12月22日、少数のタイフーンが改修され飛行可能と判断されたような時期であった。いっぽうで飛行隊は、ごくわずかに残っているハリケーンで即時臨戦態勢を継続していた。敵とどのような形で接触しても、好結果は望むべくもない冗長で報われない仕事である。

「やっとギブスを外すことができ、1942年1月2日、私はタイフーンでの初飛行を行った。地上走行を終え、離陸を試みようとしたとき、まるでスチームローラーに乗っているような感じがした。だが、ひとたび地上を離れると、機体の速度とパワーによって生み出される高揚感に私は反応していた。飛行場上空で二度のロールを打って、それから慎重に接近、着陸した。

「部下のパイロットたちが最初の反応を見ようと周囲に群らがっていた。どう思います？『たいしたものだ』私はいった。『速度は掛け値なしだ。武装についてもそうだな。ひとついえることはだ、後方視界がその

ポール・リッチー少佐の専用機はR7752「PR◎G」、写真は1942年夏のものである。リッチーは従軍の経歴を通じて「G」の文字を好み（フランスではハリケーンⅠ「JX◎G」を飛ばしていた）、また彼のタイフーンは初めのころに彼が乗っていた第609飛行隊のスピットファイア同様、スピナー先端を赤く塗っていた。胴体ラウンデルは「タイプC」に変更されているが、主翼下面のラウンデルは「タイプA」の仕様と同じ比率で残されている。（via G Seager）

第609飛行隊所属の初期型タイフーン。R7855「PR◎D」は1942年8月あたりの撮影で、いかなるスペシャル・マーキングを施すのにも先んじている時期である。機体固有レター「D」は内翼前縁にも記入され、色はおそらく赤（小隊色）、黒縁付きである。この機体は"シュヴァル"・ラルマン中尉が好んで乗るようになる。（R P Beamont）

第226飛行隊「A」小隊のパイロットたちがポーズをとる集合写真。プライベートな写真で1942年夏、ダックスフォードでの撮影。後列右から2番目がノーマン・J・ルーカス中尉。彼はタイフーンでの最初の撃墜をマンロー中尉（下の写真）と分け合った。後列右端はW・スマイシマン、前列中央に座っているのがR・ドーソン大尉で、両名とも1942年8月19日のジュビリー作戦――ディエップ上陸支援のスウィープ（掃討）任務の帰りに戦死している。
（P W Penfold via A S Thomas）

最初のタイフーンによる戦果を分け合ったあと、マンロー中尉はディエップでDo217の不確実撃墜を記録した。その後彼はタイフーンの構造欠陥に起因する多数の事故のひとつで死亡する。1943年3月3日、EJ392「2H○N」は時速520マイル（840km）で急降下し空中分解、エクセター近くに墜落した。
（P W Penfold via A S Thomas）

ままじゃあ戦いたくはないということだ。それも改善されるだろうが』」

風防の改修については設計と取り付けが行われ、排気システムも改善され、そしてネイピア社が頻繁に発生するセイバー・エンジンの故障に対して解答を追い求めているかたわら、タイフーンを装備する飛行隊が2個増設され第56飛行隊はダックスフォード航空団の傘下に入った。1942年1月、第266"ローデシア"飛行隊は装備をスピットファイアMk ⅤBからハリケーンMk ⅠAに改変、第609"ウエスト・ライディング"（西ヨークシア）飛行隊はスピットファイアMk ⅤBをあきらめ、問題児の戦闘機を配備することが"約束"された。

この時期の部隊指揮官はポール・リッチー少佐であった。彼もまた「バトル・オブ・フランス」のエースで、撃墜10機、協同撃墜1機という戦果をあげていた（『Osprey Aircraft of the Aces 18――Hurricane Aces 1939-40』を参照）。ダックスフォード航空団の司令官はデニス・ギラムだが、彼は「バトル・オブ・ブリテン」の間のほとんどを第616飛行隊に籍を置き、撃墜7機、協同撃墜1機というエースであった（本シリーズ第7巻『スピットファイアMk Ⅰ/Ⅱのエース 1939-40』を参照）。彼は以前に第312と第615飛行隊（いずれもハリケーン部隊）を指揮している。すでにDSO（殊勲章）と二度のDFC（殊勲飛行十字章）にその名を刻んだギラムは、決断力に富む敏腕の指揮官であった。

これら経験豊富なパイロットたちの最善の努力にもかかわらず、エンジン故障件数は増加し、構造上の問題の最初の兆候によってタイフーンの苦難は続いていた。それでも航空団は実働態勢にむけ着々と準備を整えており、1942年5月2日、最初の実戦飛行命令が第266飛行隊に下された。このとき、タイフーン1機が敵機探索のため緊急発進したのである（敵機は単機のスピットファイアであることが判明した）。

しかし2日後、第56飛行隊のタイフーン8機（4機はマンストン、残りはタングミアから）が、それぞれJG2（第2戦闘航空団）とJG26（第26戦闘航空団）に所属するメッサーシュミットBf109とフォッケウルフFw190を迎撃しうることを期待され分遣された（本シリーズ第18巻『西部戦線のフォッケウルフFw190エース』を参照のこと）。これら2個のドイツ空軍航空団は、イギリス本土サウス・コースト地域に対し「一撃離脱」式の奇襲を敢行する任務を負っていたが、戦闘機軍団のスピットファイアがこれを迎撃するにはあまりにも高速であることが明白であった。しかしながら、タイフーンの試験運用はすぐさま惨事を招いた。2機のタイフーンが侵入機の捜索に緊急発進した際、同じ目標を追っていたカナダのスピットファイアに遭遇したが、この新鋭機をFw190と誤認したスピットファイアが攻撃を仕掛け、

11

デニス・ギラム中佐のタイフーンⅠB、R7698「Z◎Z」。1942年秋、ダックスフォードでの撮影。完全に規格から外れたパターンの迷彩に塗り直されているらしく、シリアルナンバーも塗り消されている。キャノピー天井部にバックミラーを収めた小さなブリスターハウジングが装着されている(この時期から導入された)のが特徴。このバックミラーはその後、タイフーン特有の振動が原因となってほとんど役に立たないことがわかった。(D E Gillam)

　何の疑念ももたないタイフーンは両方とも海峡に撃墜されてしまった[※2]。1名のパイロットだけが、火傷を負ったものの生還した。

　分遣されたタイフーンはスネイルウェルに戻り(ここは3月から第56飛行隊の基地となっていた)ダックスフォード航空団の残りとともに作戦を開始した。まずは最初の、これといった事件もない掃討任務が完了した。これは6月20日の"サーカス193"[※3]を支援するものであった。しかし7月30日、第56飛行隊がボストン[※4]によるアブヴィル爆撃を護衛した時に、ふたたび悲劇が襲った。エンジン不調で早々に帰途に着いていたノルウェー人パイロット、エリク・ハービョルン中尉が、タイフーンをFw190と誤認したパイロットたちが乗るスピットファイアによって攻撃を受けた。またしてももうひとり、タイフーンパイロットが海峡に叩き落とされた。

　幸運にもエリクは生き残り、空戦規定においてはエースとなることはなかったにも関わらず(それでも彼は1機のFw190、Bf109を1機撃墜、Fw200を協同撃墜することになる)、やがて勇猛果敢なタイフーン航空団指揮官として知られるようになる。彼は侵攻期間とノルマンディ作戦を通し第124航空団を率いていた間に、さらに二度も海峡で泳ぐはめに陥ったが、これにも生き残ったのである。

訳注
※1：機銃搭載は空力的な問題もあって、主翼か胴体内部に収納するのが望ましい。一般に主翼内部に収めるが、主翼内に重量物を収めることは構造上の制限を課すことになる。また、機銃発射時の振動などは航空機の飛行にはマイナスに働くことは自明。全金属モノコック構造の飛行機が発展途上にあった時期、高速飛行が可能でかつ大量の武器を搭載する、という要求は絶対的な矛盾をつきつけるようなものであった。
※2：1942年6月1日の出来事で、誤認したのは第401RCAF飛行隊所属のスピットファイア。撃墜されたタイフーンⅠAのパイロットはR・H・デューゴ少尉(生存)とK・M・スチュアート・ターナー軍曹(死亡)、ともにドーヴァー沖に墜落。
※3：「サーカス」はイギリス空軍の航空作戦暗号名のひとつ。戦闘機護衛付きで行われる小規模編隊の軽・中爆撃機による攻撃(爆撃)任務。爆撃機の任務はもちろん目標の爆撃破壊。爆撃機の数に比べ圧倒的に多い飛行隊(機数)の戦闘機が護衛に就く。これは作戦の目的が爆撃機護衛のみならず敵迎撃機を誘い出し、これを戦闘に巻き込んで損耗させるとい

ウエストハムネット(現在のグッドウッド)において、1942年6月の撮影。"気取り屋"ダンダス少佐がタイフーンⅠA、R7648「US◎A」で離陸しているところ。機首に階級ペナントとニックネーム"ファーカーⅣ世"が記入されている。最初の対ルーバーブ(この場合、ルーバーブはドイツの一撃離脱式の爆撃を指す)哨戒のため、この南海岸の基地から飛び立ったが空振りに終わっている。(IWM FLM 1480)

うのがむしろ本来の狙いであるため。
※4：ダグラス・ボストン。アメリカ製の双発爆撃機。レンドリース規定によって、大量にイギリス空軍に供与された。

活路
Dieppe

　1942年8月19日、タイフーンにとって、有用性を証明する大きなチャンスが訪れた。その舞台は「ジュービリー」作戦、悪名高きディエップ上陸作戦 [※5] であった。とはいえ、ダックスフォードのタイフーンは作戦の主要部分からは外れてはいたのだが。航空団は3個飛行隊の全力を投入して昼間に三度の掃討任務を行ったが、このうち戦闘が行われたのは2回目の出撃時のことである。第56、第609の両飛行隊が決定打のないままにフォッケウルフFw190と交戦しているとき、第266飛行隊のタイフーン3機がKG2（第2爆撃航空団）のドルニエDo217に向け急降下を行った [※6]。ローデシア人パイロットのドーソン大尉は爆撃機1機の撃墜を申告、またマンロー中尉が2機目の不確実撃墜を記録した（彼は、タイフーンでの最初の戦果を協同撃墜であげている）。しかし、タイフーンのうちの1機の姿を二度と見ることはなかった。またしてもである。帰路に、スピットファイアがこのホーカーの新鋭機の編隊に攻撃を仕掛けた。戦果をあげたドーソン大尉は最初の斉射を受けて海峡に突っ込み、死亡した。

　この出来事がタイフーンに一連のスペシャル・マーキングを施す契機となった。まず両主翼に黄色の帯を記入、引き続き1942年末には機首を白に塗り、主翼下面に黒の帯を記入するようになる。これらはすぐにより効果のはっきりした白黒の帯に変更され、1943年を通してタイフーンを特徴づけるものとなった。

　タイフーンを最大限に有効活用するにはどうすべきかという見解は二分しつつあった。技術部門はこの飛行機が完全に退役することを期待するようになっていた。というのもセイバー・エンジンを使用可能な状態に維持し続けるのに必要な労力は増大し、この段階で成功を成し遂げるにはあまりに引き合わなかったからである。その上、胴体後部の構造上の欠陥は、尾部の完全な脱落という事態も含めて増加傾向にあった。

　製造会社とRAE（王立航空機研究所）ファーンバラのテストパイロットは、事故状況の再現を幾度も繰り返す苦労をもって、危険な飛行任務を行っていた。たとえその事故が実際にテストパイロットの身に起こる可能性がほとんどないとしてもである。それでも、ついに昇降舵のフラッターが大きな原因であることが浮かび上がり昇降舵バランスに改修がなされたが、構造に起因する数件の事故が生じていてさえも事故率がようやく膠着しはじめる1943年末までは実施されなかった。第181飛行隊のJ・F・L・シンクレア大尉が1945年7月18日に死亡したが、26件知られている欠陥事故で命を落とした24名の最後となった。

　にもかかわらず、タイフーンの配備中止を希望するようなパイロットはほとんどいなかった。ギラムはこれまで通りに航空団の戦術継続を支持したし、ダンダスは大規模作戦におけるこの飛行機の任務はまだあると考え、いっぽう、リッチーは特殊な低高度での作戦でタイフーンの潜在能力を活用したいと望んでいた。第266飛行隊のローデシア人はタイフーンの配備を止めるのであれば職務を辞すると脅しをかけることさえしている。リッキーの見解は、

戦闘機軍団作戦参謀長ハリー・ブロードハーストによる支持を受け、必然的にダックスフォード航空団は解散し、各飛行隊はイギリス本土東岸と南岸に沿った拠点に位置を占めるように派遣された。

　いっぽう、新規のタイフーン飛行隊が編成された。第257、第486両飛行隊はハリケーンから機種を転換、また完全な新規部隊（第181と第182飛行隊）が戦闘爆撃任務用に改修されたタイフーンの配備を受けた。タイフーンの進むべき道は、ここにはっきりと標されたのである。

訳注
※5：ヨーロッパ大陸に第2戦線の橋頭堡を築くため行われた大規模上陸作戦。カナダ5000名、イギリス1000名、アメリカ50名からなる奇襲部隊での上陸作戦は、ドイツ軍の迅速な対応の前に惨憺たる結果を招き、5000の将兵が戦死または捕虜となった。連合軍、特にイギリスは作戦立案の不備と、海岸という開けた土地への上陸作戦の難しさを大きな犠牲とともに学んだ。
※6：この日、第266飛行隊は陽動のためデファイアントを「護衛」して欺瞞爆撃任務に就き、その後第56、第609飛行隊とともにディエップ周辺の哨戒、掃討に派遣された。なお戦闘があった2回目の出撃は、1400時〜1530時に行われている。この時、まず第266、第609の両飛行隊が敵機と直接交戦、第56飛行隊は高空掩護にあたっていた。

右頁上●ビーモントのタイフーンR7752「PR◎G」。1943年3月の撮影。この時点で機関車破壊は23両に達している。彼はこの実戦勤務期間終了までにてその数を25とし、船舶1隻も戦果に加えている。ポール・リッチー少佐からこの機体を引き継いでからマーキングを変更した。シリアルナンバーが書き直され、スピナーとチン・ストライプ（機首ラジエーター下面の識別帯）は黄色に塗裱、機関砲のフェアリングを追加装備した（この部分も黄色に塗装されている）。主翼下面の国籍標識（ラウンデル）は「タイプC」に変更、防空識別帯が記入された。(R P Beamont)

第486（RNZAF：ニュージーランド空軍）飛行隊のパイロットたち。彼らは1942年最後の週に敵機7機撃墜を果たした。中央の4人、左から右に、フランク・マーフィ曹長、"ハイフン"・テイラー・キャノン軍曹、"アーティ"・セイムズ軍曹、そして"スパイク"・アンバース中尉で、彼らは遠からず撃墜戦果をあげることとなる。テイラー・キャンとアンバースの両名は後に飛行隊を指揮した。(via P Sortehaug)

下●ローランド・P・ビーモント少佐。R7752「PR◎G」のコクピットにて1943年2月の撮影。当時、第609飛行隊所属機の大部分に、画家のエリック・ケニントン（肖像画家として有名）が白バラと狩猟用角笛を組み合わせた部隊章［※］を描いた。"ビー"の撃墜マーク（写真ではごく一部しか写っていない）が見えるが、敵機5機、機関車20両の戦果が記されている。(IWM CH 18108)
（※訳者補足：飛行隊が創設されたのはヨークシア州イードン。バラ戦争にちなむ土地なので飛行隊章には当時のヨーク家の紋章であった白バラがあしらわれている。モットーは「タリホー」）

chapter 2

迎撃
jabo hunters

　1942年9月の後半に、戦闘機軍団がタイフーンを低高度作戦に使用する決定を下したことによって、各飛行隊は単一部隊ごとに海岸に沿って一定の間隔となるよう移動させられた。新たにタイフーンを装備した第1飛行隊および第56飛行隊は東海岸を防衛するためにそれぞれアクリントン、マトラスクに残留したが、第609飛行隊は南東航空防衛の要として機能する通称"ファイター・メッカ"のビッギン・ヒルに進んだ。いっぽう、第486飛行隊はターピンライト[※7]運用試験を断念し、ノース・ウィールドに飛び、第266飛行隊はドーセット州ウォームウェルに、第257飛行隊はエクセターに向かった。"対ヤーボ"飛行という日課が始まった。これは2機1組のタイフーンが、前もって撃破することの困

難なヤーボ(戦闘爆撃機)を迎撃する位置を見いだすため海岸沿いで低空警戒の任に就く。

　成功にはほど遠かったものの、10月17日には第486飛行隊が10./JG26(第26戦闘航空団第10中隊)のFw190 1機を捕捉、11月3日には第257飛行隊がさらに2機を撃墜した。12月になって、第486、第609飛行隊はいずれもより海岸に近い場所、すなわちタングミアとマンストンにそれぞれ移動、それから撃墜記録は増え始める。14機撃墜(3機の不確実を含む)の戦果は第486と第609両飛行隊で等分されたが、その内訳は8機のFw190、4機のBf109、そして偵察型Do217が2機であった。

　これらの戦果のうちの2機、1942年12月17日と24日にあげられたもののうち最初のほうは、フランク・マーフィ曹長による。彼はやがて第486飛行隊でもっとも活躍するパイロットのひとりとなるが、最初のタイフーン・エースにはもう少しのところでなり損なった。この最初の撃墜は、K・G・"ハイフン"・テイラー－キャノン軍曹にも戦果をもたらしたが、彼もまたニュージーランド飛行隊で注目に値する経歴を築くことになる。

　12月17日、この2名のパイロットはセルジーからセント・キャサリンズ・ポイントにむけて哨戒を行っていたが、このとき彼らは"ブラックギャング"(ワイト島に設置された低高度監視レーダー)によって、北西寄りに進路を取りセント・キャサリンズ・ポイントに接近する2機の目標に向け誘導されていた。高

第609飛行隊のパイロット。1943年春、マンストンの分散待機所にて。入口の中央に立っているのがビーモント少佐。前列左から4番目がヴァン・リエルデ中尉、前列右端に"シュヴァル"・ラルマン中尉が写っている。ラルマンの斜め後方に立っているのが、1943年2月14日の英雄的な戦闘において彼のナンバー2(僚機)を務めたトニー・ポレク中尉。その左斜め後ろが"ピンキー"・スターク曹長。彼は後のエースであり"ウェスト・ライディング"[※]飛行隊の戦時最後の指揮官となる。(via C Goss)

(※訳者補足：第609飛行隊"ウェスト・ライディング"は、ヨークシアの旧行政区画(ライディング)のうちのひとつにちなんでこう呼ばれる)

度ゼロ・フィートのBf109 2機を視認（現在ではこの機が遠距離偵察部隊4.(F)/123所属のBf109F-4であったことがわかっている）、タイフーン・パイロットたちは追跡を開始した。戦闘報告には以下のように記録されている。

「最初、レッド・セクション［※8］（分隊）が左舷60度の位置に旋回し追跡を始めたことを敵機が気づいた様子はなかった。彼らはそれから南東方向に旋回、300ヤード（270m）の距離まで接近、敵がBf109であることをはっきりと確認し戦闘を開始した。まだ距離は離れていたものの、接近しながら機関砲を短く数度発射、非常な高速（時速350マイル（560km/h）の対気速度）で並行しながら100ヤード（91m）にまで接近した（敵機の速度は330（530km/h）と推定）。このとき全機が右に旋回し海面すれすれまで降下、敵機は時々交差しながら螺旋状機動で回避行動をとっていたが、これがレッド・セクションのレッド1、レッド2がそれぞれに別の敵を攻撃する結果を招き、敵機2機ともに胴体、エンジンへの着弾が確認された。すぐさま敵機は螺旋機動をやめ直進、並行しながら明らかに全速力で飛んだ。

「その直後にレッド2（テイラー－キャノン）によって撃墜された敵機は、まず風防を投棄し、機体から破片をまき散らしながら高度800（240m）ほどに上昇、右舷に旋回急降下をかけたがそのまま一直線に海へと突っ込んだ。もう1機、レッド1（マーフィ）に墜とされたほうは、タンクから煙を曳きながらフラップを下げ、こころもち機首を上げたが爆発炎上して海に落ちた」

"ヤーボ"による作戦は1943年1月20日の時点で新たな局面を迎えた。戦闘爆撃機隊（JG26を主体に、一部JG2とパリ近郊にある飛行学校からの兵力で増強された）がロンドンに激しい攻撃を加えたのである。戦力は3波に分かれ、Bf109とFw190が都合90機であった。第1波はロンドン爆撃後、その大部分が迎撃を免れた。しかし第2波は激しい抵抗を受けた。とくに6./JG26（第26戦闘航空団第6中隊）に所属する8機のBf109Gは、第609飛行

第486飛行隊最初の6カ月でもっとも成果をあげたパイロットがフランク・マーフィ曹長であった（彼は少佐にまで昇進する）。彼はこの期間に3機のメッサーシュミットBf109とユンカースJu88を1機撃墜した。1943年7月15日の戦果がフォッケウルフFw190の不確実撃墜であったために「最初のタイフーン・エース」の座をあと一歩のところで逃してしまった。
(IWM CH 11580)

第266飛行隊のパイロットが集合してポーズを取る。1943年7月、エクセターにおける撮影。指揮官のチャールズ・グリーン少佐が中央に立っている（タイフーンの集合排気管の下）。ちょうどこの写真が撮られた時期は、彼の実戦勤務期間が間もなく満了しようとしていたころであった。この後、彼は第59OTU（実戦訓練部隊）で航空団司令（戦術）として勤務してから航空団指揮官としてタイフーン実戦部隊に戻ることになる。(P W Penfold via A S Thomas)

常用の機体EK243「2H◎Q」(1943年3月から9月)前での撮影。パラシュート、ヘルメット(飛行帽)、マスクを背負っているのはジョン・ディール大尉。彼は第266飛行隊2番目のタイフーン・エースで、ノーマン・ルーカスのわずか1日後にこの地位に至った。二度目の実戦勤務期間の際に同飛行隊を指揮するようになり、終戦は第164航空団のWCF(航空団飛行司令)として迎えた。背景のタイフーンは搭乗用のステップが引き出され、手掛け(写真右上角)のハッチが開いているのに注意。
(P W Penfold via A S Thomas)

隊のタイフーン2機によってその半数4機を失っている。戦果をあげたパイロットのひとりは"ジョニー"・ボールドウィン中尉で、彼は襲撃機を3機、思いがけなく20000フィート(6100m)という高高度(タイフーンにとっては)の戦闘で撃墜した(第7章を参照)。これらはボールドウィンの経歴において最初の戦果となるが、彼は大戦終結時にはタイフーンのトップエースにランクされることとなる。

ヤーボとの戦闘は2月中続いたが、戦果のほとんどが第609飛行隊によってもたらされたものである。またもうひとり、エースの資質を秘めた"シュヴァル"・ラルマン中尉(第609所属のベルギー人のひとり)が自身の撃墜記録を刻み始めたのは14日のことで、この日、彼は海峡で行動不能となった1隻のMTB(魚雷艇)上空掩護のため哨戒を行っていた。4機のフォッケウルフFw190が魚雷艇に襲いかかったが、ラルマンは後にその必死の戦闘を契機として著した叙情的自伝『Rendezvous with Fate』にこう描いている。

「『タリホー！』[※9]と鬨の声をあげ、私はトニー・ポレクを攻撃へと誘いながら射撃位置に着くため機首を右に傾ける。自分の攻撃に夢中なあまり、190どもは我々の出現にまるで気づいてはいない。タイフーンは彼我を隔てていた距離を瞬く間に縮めて行く。私は光像式照準器のスイッチを入れ、照準を補正し、それからガンカメラの選択スイッチを摑む。ボタンを押しても何の反応もない。カメラが作動していないのだ。何ということか[※10]。

「我々がさらに近づいたときには、それぞれが目標を真正面に捉え、私は照準器で射程を見積もる。600ヤード(550m)にまで接近したちょうどそのとき、敵機を取り巻く海が弾けるように無数の水しぶきを上げていた。トニーの射撃はあまりに早すぎ、奇襲の効果は崩れ去る。これは私の失敗だ。彼にとっては初陣であることを失念していたのだ。舞い上がった新米が誰でもそうであるように、彼もよくある間違いを冒してしまった。忠告しておくべきだった。すぐさま190は反対方向に向きを変え、後方の一組の始末を付けるどころか

1942年末にタイフーンが抱えていた問題を要約して物語っている写真である。日付は11月25日、タイフーンは第182飛行隊所属のR8966「XM◎W」でエンジンが潜在的にもつ不調の犠牲となった。機体には短期間適用された識別マークが見られる。すなわち白い機首とスピナー、主翼の黄帯である。パイロットのR・ペイン少尉はサフォークのバーグホウルトに強行着陸し、見事成功させた。機体下面と右翼端に損傷を受けているにもかかわらずR8966は修理を受け実戦に戻っている。(No 1182 Sqn records)

もういっぽうの敵と対等な立場での戦闘を戦うことになった。我々は今、危険な状況に直面している。

「続いて起こった2対4の戦闘は、この上なく激しいものだった。幸運にも雲が出ており、それが我々の救いとなってくれるはずだ。成すべきは素早い行動、敵の一瞬の乱れを利用することだ。そこで我々は敵の4番機を追って上昇旋回に入った。だが、このドイツ人は熟練のパイロットのようで、私がどれほど必死に願おうと、彼の機影を照準器の中に捉えることがもう少しのところでできなかった。ひとつ、またひとつと重なる雲を通って上昇し我々が雲を抜けきったとき、私は太陽に目が眩んだ。フォッケウルフは躊躇し、それから上昇し続けていたが、私のほうはフル・ブーストであるにも関わらず危険なほどゆっくりとしている。もし彼がもう少し距離を稼ぐようなら、遅きに失する前に離脱しなければならないだろう。いや、もはや遅い。だが、突然、敵機は宙返りを打って数千フィート下の雲々に向かって急降下している。私は安堵のため息をついた」

雲の中に戻り、ラルマンは誰とも接触を断ってしまう。そのとき、
「ついに3機の航空機が雲を突き破るのが見える。タイフーンが1機、フォッケウルフの間に挟まれており、2番目のフォッケウルフがトニーを撃ち、トニーは前方のフォッケに射撃を加えていた。彼らは縦列を組んだまま右舷にバンクし、ちょうど私のほうに向かったとき、トニーの命はもはや風前の灯火であった。しかし、全速力で飛ぶ私にできるのは衝突を避けるということだけ。制御がままならない状態で、戦闘に加わることから遠ざけられ、私の頭脳は行動を命じようと試みている。だが、筋肉は反応しない。本能が非常事態を制御している。私のタイフーンは暴れ馬のようで、私をその上で縮み上がらせている。親指は機関砲発射ボタンの上にかかっており、私が敵と僚機の

"ベイブ"・ハッドン曹長とジョン・ワイズマン軍曹(犬と一緒に写っている)は、両名とも第609飛行隊が海峡上空での戦闘で出した死傷者に含まれることとなってしまった。ふたりは1943年2月14日、座礁したMTB(高速哨戒魚雷艇)の上空を警戒しているときに撃墜された。だが、すぐさまラルマンとボレクが彼らの仇を討っている(本文を参照)。タイフーンR7713「PR◎Z」は第609飛行隊に最初に配属された機体のひとつで、実戦を1年以上生き延びた。この機体には消耗と亀裂の多くの徴候と再塗装が見て取れる。黒の識別帯が機関砲フェアリングにまで延長して塗られている(これは規格から外れている)。機首の迷彩も標準とは異なったものである。これは1942年11～12月に適用された評判の良くない機首の白塗装を、ラジエーター・フェアリング下面だけ帯状に残して塗り潰した結果である。部隊章が固定風防のちょうど下に見えている。スピナーの後ろ半分と主翼前縁の「Z」の文字は、小隊色(おそらく青色)で塗られている。(R A Lallemant via R Decoceck)

1943年5月に撮影された第609飛行隊のタイフーンは、上写真の機体(R7713)と興味深い対照を成している。この機体(シリアル等は不明)は工場で施された識別帯、機関砲砲身全体を覆うフェアリング、風防にバックミラーとそれを収めるブリスターが装備されており、この特徴から1943年2月から配備されたEJ/EKのシリアルをもつ機体であろうことが推察される。スピナーとラジエーター・フェアリングとの間にある明るい色の長方形のパッチで覆われているのは、ガンカメラ窓。ガンカメラは振動の問題が生じる主翼(大失敗であった)から、この位置に移設された。工場で仕上げられたタイフーンは、上面の迷彩パターンに合わせて機関砲フェアリングのうち3本がグレイ、1本がグリーン(右翼外側)に塗られている。地上員が上空を飛行するビーモント少佐の乗機「PR◎G」(機関砲フェアリングが黄色に塗られている)を見守っている。(IWM CH 9252)

入り交じった列に向かって適正な角度で突っ込んだとき、敵機の黒い十字が私の目の前に、雲の峰のように巨大な姿を現し、あわや衝突しそうなほどだった。そして射撃したとき、事態はまったく逆に運んでしまい、トニーが照準器の中にいる。

曳光弾が見える。偏向がものすごく、もっと撃たなければならないと思ったがトニーに当たるのが怖い。その190はまだ彼を撃ち続けているが、ふと私は思ったのだ。私に撃墜されるよりも敵に墜とされるほうがまだましだろうと。しかし私も撃ち続けている。衝突を回避するために操縦桿を引くまでの、たっぷり2秒の間。だがこれで充分だろうか？ 私が離脱したとき190の主翼が爆発し、それが海のほうに落ちていったとき、ポレクは漸く安全になった。左舷にバンクしたときに、敵機が跡形もなく海に飲み込まれ、海面が渦を巻いているのを目にした」

哨戒は再開され、ブーローニュを後にして最後の旋回に入ったところで、無線機が警告音を発した。「敵機が東から接近中」。タイフーンは新たな脅威、機首を黄色に塗った4機のFw190に向かい、また多数のタイフーンがマンストンを離陸した。増援は途上にあったが、ラルマンは任務で二度目の戦闘を継続した。

「私はドイツの3番機が不快を感じていることを直観。さらに180度旋回をしている間、私は自分のタイフーンの機動性に感謝しつつ、彼に対して優位な位置を占めるための機会をつかまねばならない。しかし相手にもそれはわかっていることで、1秒後、急に編隊を離脱する。じれったいことに私には今、為す術がない。それともできるか？ 機体を傾け、冷ややかな笑みとともに大まかな偏差修正を行い、私はごく短く射撃ボタンに触れる。そして、やっと旋回円に再度位置を占める。機動によって私の体は後ろに押しつけられる。今、標的の190は機体を傾けた私のタイフーンの右翼の陰に隠れているが、幸運にも私はそいつといっしょに飛んでいる。それからちょうど主翼の後縁に来た一瞬の後、それは燃えさかる松明のような光景となり、海に消えていた」

タイフーン飛行隊の配置は、1942年12月と1943年1月に多少の変更が見られた。1942年10月から第486飛行隊はタングミアに、第609飛行隊は11月からマンストンにあったが、第257飛行隊と第266飛行隊は基地を入れ替えており、第1飛行隊がリムで創設された [※11]。海峡を挟んだ向こう側でも同様に変更が行われていた。1943年春、新たな敵が戦闘に加わった。SKG10（第10高速爆撃航空団）である。この航空団はビスケー湾における対艦攻撃に

"シュヴァル"・ラルマン中尉が愛機のコクピットに収まって写っている。この機体R7855「PR◎D」は第609飛行隊所属である。1943年初頭、マンストンにて。(R A Lallemant)

1943年4月21日、マトラスクにおける撮影で、このとき報道陣に初公開されたのがR8224「US◎H」、第56飛行隊所属機であった。タイフーンの大部分（約3300機）はグロスター・エアクラフト社で生産されたが、この機体は親会社であるホーカー社で少数生産されたバッチ（15機）のうちの1機。お披露目用の機体は、コクピット下に寄贈団体によって選ばれた名前「ランド・ガール」[※]を記入している。写真でもわかる通り、より効果を得るための主翼の黄色い識別帯は第56飛行隊独自のものとして、機関砲フェアリングまで延長塗装されている。この角度ではわからないがR8224の識別帯（主翼下面のもの）は規定と異なり、白・黒帯の両翼最外部分が描かれていない。(Aeroplane)
(※訳者補足：「ランド・ガール」は戦時中に労働力不足を補うため雇われて農業に従事した女性のことをいう)

従事するためフランス西部で編制され、その第Ⅰ、第Ⅱ飛行隊がアミアンに移動し、第2、第26戦闘航空団の"ヤーボ"任務を引き継いだ。第2、第26戦闘航空団は防衛作戦に、より必要となっていた。

イギリス南東部で頻繁に遭遇するにもかかわらず、"ヤーボ"はイギリスのこの一画に注意を限定してはいなかった。たとえば1943年1月10日、第266飛行隊のスモール中尉はティンマス沖で10. (Jabo)/JG2（第2戦闘航空団第10中隊（ヤーボ））所属のFw190（単機）を捕捉し

たし、また同月26日にはベル中尉が、スタート岬沖で同部隊からの別の機に対し急派されている。ちょうど1カ月後には、第266飛行隊長のチャールズ・グリーン少佐が2機以上を迎撃、エクスマス沖50マイル（80km）のところで、これらを海に屠っている。グリーンは、エースのリストにいかなる形でもその名を連ねることはなかったが、偉大な戦闘爆撃機部隊指揮官のひとりとなっており、まずノルマンディで第121航空団の指揮をとり、それから第124航空団指揮官となっている。

エースの地位に到達し、それも上位に名を連ねたもうひとりのローデシア人が"ジョニー"・ディールである。彼もまた急派されたときに撃墜戦果をあげており、3月13日、5./SKG10（第10高速爆撃航空団第5中隊）のFw190を2機（うち1機はイーディ曹長との協同撃墜）というものであった。

1943年6月1日、第609飛行隊のI・J・デイヴィス中尉は、先の1月に"ジョニー"・ボールドウィンが成し遂げた偉業を再現した。ウェルズ大尉のナンバー2として沿岸の哨戒にあたっていたときに、マーゲイトで爆弾が炸裂するのを発見、ただちにこの元凶、縦列を成す4機のフォッケウルフFw190の後を

左ページ下の写真と同じときに撮影されたもの。R8220「US◎D」（ホーカー社生産機の1機）は、エンジンカウリングが外され、整備兵がセイバー・エンジンに取り付いて作業をしている。整備兵の足で半分隠れているものの、バッジが見える。これは「US-D」の文字を記入したタイフーンが急降下してカギ十字を粉々に破壊しており「Shape of things to come」[※]の文章が添えられている。翼前縁の黄帯が外側の機関砲手前で終わっていることに注意。(Aeroplane)
（※訳者補足：直訳すれば「来るべき姿」。意味合いとしては、いまに見ていろよ、といったところ）

記者発表の日に撮影された写真。カメラマンに対する便宜のため空中で編隊を組ませたようである。いちばん手前がEK183「UA◎S」で、このほかR8825「US◎Y」、DN317「US◎C」、R8224「US◎H」、R8724「US◎X」、R8220「US◎D」が飛んでいる（第56飛行隊所属）。(Aeroplane)

1943年秋になって常時の哨戒任務は軽減され、即応態勢のタイフーン2機がこれに替わって待機した。写真の2機はJP447「FM◎C」とJP494「FM◎D」で、ウォームウェルにおける撮影。両機とも機体識別文字（CとD）を、それぞれ翼前縁とラジエーター・フェアリングにも記入している。(Aeroplane)

追った。SKG10が再び戦闘行動に戻ったのだ。デイヴィスの戦闘報告にはそれから起こったことについての詳細が描かれている。

「私はこれらにむかって急降下、400〜500ヤード(360〜460m)で短い連射を放ち、ガスタンクとブロードステーズ通りに銃撃を加えている最後尾の機に200〜300ヤード(180〜270m)から2秒間の射撃を加えることができた。6機のFw190から成る編隊が高度ゼロで海のほうに去りつつあるのを目撃、これを追尾。海岸を横切ったとき私が先ほど攻撃したFw190を追い越したが、機体から黒い物体——おそらく風防だろう——が投棄されるのを目撃、続いて脱出しようとするパイロットの足が現れた。私が後ろに従っている6機の"ハン"(ドイツ兵)は1機を囲むようにV字編隊を組んでいた。このうちの1機を選んで500〜600ヤード(460〜550m)から一連射を放った。おあつらえ向きに奴は私が接近できるように蛇行し、私は遠距離から200ヤードの射程まで連射を送り込んだが、それは海上に水しぶきを上げ、仕上げに2〜3秒の連射を放ったところで決着が着いた。

「ちょうどその時、赤と黄の曳光弾が背後から私の機の主翼のすぐ側を掠めていることに気づき左舷に急旋回したが、私が攻撃したドイツ機が大きな水柱とともに海に突っ込んだのと同時であった。360度旋回を行い、先のコースを維持したが、みな逃げてしまったのか、視界にはなにものも発見できず間もなく左舷方向に別のFw190を2機発見した。私たちはオスターンド(オーステンデ)に接近しながら、200フィート(60m)に上昇した1機を選び距離150〜200フィート(45〜60m)に接近して1秒の連射を行ったところで弾が尽きた。私の攻撃がコクピットと左主翼に当たり、そこから大きな破片が脱落するのが見えた。それからドイツ機は炎に包まれ黒い煙を吐き出した。

「別に2機のFw190が、まさに攻撃のため旋回していたところだったので、私は急旋回を行って帰途につき、ディールを横切って基地に着陸した」

1643年10月15日、ハロウビアにて。ノーマン・ルーカス中尉(カメラのほうに顔は向けているが体の大部分が他の人物のかげになっている)はNAGr13(第13近距離戦術偵察飛行隊)のフォッケウルフFw190を1機撃墜したばかりで、2機目は僚機のパイロットとの協同撃墜であるが、彼はこの戦果を複数の同僚のパイロットに譲っている。ルーカスのタイフーンはJP906「ZH◎L」である。シリアルがJPの後半からJR初期にかけての機体のうちの1機だが、これらにはホイップアンテナと排気管フェアリングが装備されていた。(via M Schoeman)

いっぽうウェルズ大尉は、帰途を急ぐ12機編隊のFw190に接触した。他の機が気づいて彼に向かって攻撃に転じる前に、2機を撃墜した。弾薬を使い果たし危険から逃がれるために急上昇し、そのまま基地に機首を向けた。これが、いかなる規模においてもドイツ空軍の戦闘爆撃機がイギリス本土上空で目撃される最後の機会となったが、SKG10が完膚なきまでに叩きのめされてきたといえども壊滅したわけではなかった。とはいえ、部隊は数的に大きく減じており、SKG10の航空団本部、第Ⅱ飛行隊、第Ⅳ飛行隊はシシリーに配置転換され、海峡に対面して残存したのはFw190を30機保有する第Ⅰ飛行隊のみであった。事実、防衛任務においてタイフーンがSKG10と再度相まみえることは叶わなかったが、タイフーンが攻撃任務を再開したときに衝突することになる。

イギリス本土沿岸の防衛任務でタイフーンが最後にFw190を撃墜したのは夜間短距離偵察部隊NAGr13から送られたもので、彼らはイギリス空軍第266飛行隊によって屠られた。1943年10月15日に2機が迎撃され、両機ともスタート岬沖40マイル（64km）の地点で撃墜され海に沈んだ。このうち1機の撃墜を申告したのがN・J・ルーカス中尉（1機撃墜、1機協同撃墜）である。彼はおよそ14カ月ほど前に、タイフーンの空中戦闘で初めての戦果を協同で成し遂げていた人物である。

哨戒を維持し続ける多大な努力が充分に報われたとはいえ、この時期は、数え切れないほどの実りのない飛行任務を実行した多数のタイフーン・パイロットにとっては欲求不満の種でもあった。1942年10月の中旬から1943年6月1日までの間に、少なくとも42機のFw190と15機のBf109が撃墜され、8機以上のFw190と2機のBf109が不確実撃墜と申告されている。第609飛行隊は上記の合計以外に27の撃墜を数え、次いで第486、第266飛行隊がそれぞれ撃墜14機、撃墜6機を記録した。撃墜数最高位パイロットの座は、第486飛行隊のフランク・マーフィと第609の"シュヴァル"・ラルマンそしてジョニー・ボールドウィンが分け合った。誰が最初のタイフーン・エースとなるのだろうか？

訳注
※7：イギリス空軍が考案したドイツ軍夜間爆撃機を迎撃するシステム（というか兵器）。双発機の機首にサーチライトを搭載した改造機（タービンライト）で侵入機を捕捉、迎撃戦闘機と連携してこれを撃墜しようというもの。専用に10個飛行隊が編成されたが、企画倒れに終わっている。
※8：イギリス空軍の飛行隊は通常2個の小隊（フライト）で構成され、それぞれ「A」小隊、「B」小隊と呼ばれる。各小隊はさらに分隊（セクション）に分けられて色名で呼称され、A小隊はレッド／イエロー、B小隊はブルー／グリーンというのが一般的。
※9：Tally ho!　もともとは狩猟のときのかけ声。猟犬をけしかけるときなどにも発する。イギリス空軍パイロットが攻撃を仕掛ける場合に使用するが、敵機を目視し、充分な距離を保った状況でただちに攻撃態勢に入る場合などに長機が発することが多いようだ。語感としては「かかれ！」あるいは「よし、いくぞ！」といったようなニュアンスだろう。
※10：カメラ搭載位置が機首エンジンカウルの右下という関係で、ラジエーターやエンジン関連機器の廃熱によるカメラ故障やフィルムの焼き付きが頻繁に起こったらしい。
※11：これ以前は、ハリケーン配備の飛行隊としてフランスのドイツ軍飛行場への侵入攻撃任務に従事していた。1942年7月、タイフーンへの機種転換が開始されている。

chapter 3
新生
'rhubarbs' and 'rangers'

　1942年の終わりから1943年の中頃まで、資源の浪費とでもいうべき対"ルーバーブ"[※12]任務がタイフーンにとって第一義的な任務であり続けたが、この飛行機を支持する者たちはタイフーンにとってまったく未経験な別種の任務から遠ざけることに納得してはいなかった。これらの人々の急先鋒がローランド・"ビー"・ビーモントだが、彼は「バトル・オブ・フランス」「バトル・オブ・ブリテン」を経験したベテランである。撃墜4機、協同撃墜1機、不確実1機というのが戦果であるが、彼は実戦勤務期間の残りをホーカー社でテストパイロットとして過ごし、タイフーン開発に手を貸していた。この機体がもつ潜在能力を確信していた"ビー"は、1942年の中盤に補助(予備)大尉として第56飛行隊に着任したが、時を置かず前任のポール・リッチーが休暇に出たときに第609飛行隊の小隊を引き継いだ。

　ビーモントは第87飛行隊でハリケーンに乗っていたときに夜間侵攻任務を経験しており、もしタイフーンを同様に使用することが可能であるなら、確認のための試行を指導するつもりだった。第609飛行隊の指揮をとった後で、彼はアブヴィル近郊で列車を発見しこれを攻撃するという月明かりでの「ルーバーブ」に着手、部隊によって"たくさん沸かされるお茶の最初の一杯"であった。実際、ビーモントが愛機のR7752「PR◎G」(この期間、彼が常に搭乗していた機体)との決別を迎えたとき、最終的に25の小さな蒸気機関車のマークがコクピット右側面下に記入されていた。その現物は、今日でもロンドン近郊ヘンドンのRAF博物館に展示されている。

　ビーモントの指揮のもと、第609飛行隊は正規の、実戦に耐えうる侵攻出撃とすべく昼夜分かたぬ飛行訓練に着手した。そして急速に進展した計画は、1942年12月の終わりに25ほどの列車を攻撃するに至った。これらの作戦は1943年に入っても続けられたが、そのうちのひとつでビーモントは、タイフーンを飛ばしている期間に空戦戦果を追加する最良の機会に恵まれた。1月18日、クレーユ飛行場哨戒のためマンストンを2000時に離陸、彼はドーヴァーの北にある一条の照空灯の光が作る円錐と対

第486飛行隊指揮官デズモンド・スコット少佐が自機のタイフーンEJ981「SA◎F」コクピット内にいるのがわかる。1943年7月、タングミアにおいて撮影。彼はこの機体に搭乗してフォッケウルフFw190を撃墜、他の機を協同撃墜している。(IWM CH 10620)

空砲火に注意を惹かれた。飛行隊付情報士官が聴取した彼の戦闘報告は、以下の通りである。
「彼は相対高度1000フィート（300m）上空、右舷にT.E.（双発）機を発見、これをJu88と識別、進路は南。A.A.(対空）砲火停止、S/L（照空灯）にて援助、一基が反射によって敵機を浮かび上がらせた。彼はやや下方、角度30度で攻撃を開始。距離400ヤード（360m）から200ヤード（180m）に接近しながら3〜4秒の連射。胴体、左翼に命中弾、煙を吐くのを確認。敵機は200フィート（60m）上空の雲めがけ急激に上昇旋回した」

それと同時にスクリーン上からプロットが消えたという事実にもかかわらず、ビーモントは「単機撃破」を申告しえたのみであった。

"ビー"が自身最初の夜間攻撃を行ったのと同じ日に、第56飛行隊は北海を渡ってフリッシンゲン近くの飛行場を攻撃する「ルーバーブ」の初日に向け飛び立っていた（デューゴ少尉は掃討の間、ドイツの銃手をタイフーンの主翼前縁で殺害するほどの超低空を飛行していた）。これらに見られるようなタイフーンの潜在能力に関する実践的な証明によって、この機種への信頼は大きくなり、遂に批判的だった者たちは沈黙した。

1943年上半期においては、際限のない対「ルーバーブ」哨戒への重責が、攻撃的な作戦に従事することについてのタイフーンの可能性を制限したが、この時期さらに数個の飛行隊が先述した飛行隊（第181、第182飛行隊）とともに戦闘爆撃任務に就くこととなった。通常これらの飛行隊は、戦闘機型のタイフーンによって護衛されるが、それでもなお目標に心を傾けるあまり損失を出すこともしばしばであった。狩猟者は狩られる側となった。オランダ沿岸からブルターニュの対艦攻撃は恒常的な目標となっていたが、これらの危険な出撃（舟艇は通常、重武装の対空艦艇に護衛されている）が空戦の機会をもたらすことはほとんどなかった。

このような状況で通常護衛として配される部隊のひとつが第486飛行隊で、1943年4月からデズモンド・スコット少佐が率いていた。スコット少佐はハリケーンのパイロットを経験し、3機撃墜、1機協同撃墜、4機不確実撃墜、撃破4機という戦果をすでにあげている。彼の強気な統率力が、タイフーンで飛んでいるときにさらなる功績を遠からずもたらすことになる。4月9日に早々と、彼は不確実協同1機、そしてフォッケウルフFw190の撃破1機を記録した。このFw190はエトルタ近郊で、スコット率いる4機編隊のタイフーンを2機で攻撃しようとしたものであった。

5日後、メッサーシュミットBf109の撃墜を分かち、5月25日にはブライトン

「バトル・オブ・フランス」「バトル・オブ・ブリテン」のエースであり、これらの戦いを生き抜いたデニス・クロウリー・ミリングは、1942年9月に最初のタイフーン戦闘爆撃部隊である第181飛行隊が編成されたときから指揮をとっていた。1943年6月、彼は報道陣にタイフーン戦闘爆撃機をお披露目するために飛行隊を率いてタングミアに向かったが、その際に撮られたのがこの写真である。自機EK270「EL○X」に乗り込もうとしているところで、同飛行隊の他の機体にも見られる非公認の部隊章が描かれているのがわかる。ここに見られるように500ポンド（227kg）爆弾1組（2発）というのが1944年夏までのタイフーンの最大搭載量であるが、後に1000ポンド（454kg）爆弾2発の搭載が可能となった。(Aeroplane)

1943年7月6日、16機撃墜のハリケーン・エースであるアレグザンダー・C・ラバグリアティ中佐は、コウルティシャル指揮官飛行隊に所属した際、対艦攻撃を指揮するためドン・"ブッチ"・テイラー少佐の乗機を借りていた。オランダ沿岸で対空砲火を浴びたラバグリアティ中佐はグレート・イヤーマス沖60マイル（97km）で機外脱出を余儀なくされ、その後空と海から大規模な捜索が行われたが彼の痕跡は何ひとつ見出せなかった。飛行隊長の機体としてEK273は機体固有識別文字の替わりに彼のイニシャルが、部隊識別文字「JE」のように2文字記入されている点で異例といえる。(K A Trott)

第609飛行隊でもっとも成功した4人のパイロット。彼らは全員がそれぞれ1943年の秋にDFCを受けている。左からレミー中尉（"マニー"・ヴァン・リエルデとしても知られる）、"ピンキー"・スターク少尉、チャールズ・ディーマウリン中尉、"ジョニー"・ボールドウィン大尉。中の2人はいずれも後に第609飛行隊の指揮をとることになり、残る両名は最終的に同じ航空団で部隊を率いることになる。(L W F Stark)

の南30マイルほどの地点でFw190を1機撃墜した。このFw190はシティ（ロンドン旧市街部）を襲撃し帰途にあったSKG10（第10高速爆撃航空団）所属の12機のうちの1機である。編隊は高度ゼロで全速飛行していたが、タングミアを緊急発進したスコットは編隊から脱落した2機のうちの1機に追いつくことができ、いつもの方法を用いた。標的が最大射程に入ったとき、機関砲火の一連射が敵パイロットに厳しい選択を迫る。つまり、そのまま飛び続けるか、回避行動を取るかである。だが回避行動はより急速に射程に接近する要因となる。このドイツパイロットは後者の選択肢を選び、瞬く間にFw190は側方回転しながら英仏海峡に没した。

6月24日、スコット少佐は奇異な体験をした。フォッケウルフFw190を相手に二度の戦闘を行ったのだが、最初はイギリス空軍の飛ばす機体、次は正真正銘ドイツ空軍の機体であった。最初のものは、おそらくイギリス空軍のシリアルPE882（第10高速爆撃航空団所属機で、この2カ月ほど前に誤ってウェスト・マリングに着陸した機体）[※13]で、RAEファーンバラの所属であった。スコットはこの戦闘について以下のように述べている。

「私はサセックス上空でこのFw190との模擬戦闘を行ったが、その速度と機動性には驚かされた。しかし高度10000フィート（3050m）以下に留まっている限りフォッケウルフよりも優位に立つことができると確信していた。その高度以上となると話は違ってくる。我々が向かった高高度になればなるほど、私はますます馬車馬になったかのようであった。しかし我々は本質的に低高度攻撃作戦に従事しており、高度10000やそれ以上で行動が制限されるようになる可能性からは程遠い」

第609飛行隊の「A」小隊指揮官であったエリク・ハービョルン大尉は1943年6月1日、フリッシンゲン(オランダ)近くで対艦攻撃を行った際、対空砲により損傷を被ったが、マンストンに胴体着陸を成功させた後のDN360「PR◎A」を撮影した写真。彼はこの後間もなく第247飛行隊に移動、さらにDデイ侵攻の期間中には第124航空団の指揮をとるようになる。DN360はそれまで生産されたタイフーンのなかでもおそらく空中戦果ではもっとも成果をあげた機体で、5機撃墜を果たしている。このなかには1943年1月20日の"ジョニー"・ボールドウィンによる3機と1943年4月9日にハービョルンが撃墜したFw190が含まれる。(via C Goss)

　彼が気づいたことを試す機会がその日の午後に巡ってきた。タイフーン戦闘爆撃機をアブヴィルへ護衛した帰途、Fw190の追撃を受けた。このフォッケウルフは追いつくことができなかったが、タイフーンの編隊は突然、いずこから現れたとも知れない、さらに2機のFw190による急襲を受けた。

　「私は素早く右舷に離脱した。Fw190どもは愚かにも我々の下を海に向かって急降下したが、これで我々は一気に優位に立った。敵の後を追って全速降下しながら素早く周囲を見回した。私のナンバー2であるフィッツはしっかり後ろに着いてきており、我々のタイフーン以外に接近するものはなにも見えなかった。数秒のうちに、私は1機のFw190に向け真っ直ぐ撃ち下ろしていた。敵機は海面すれすれを左に旋回した。私の狙いは逸れていて、敵機の尾部すぐ後方の海に機関砲弾が水しぶきを上げるのが見えた。とそのとき、敵機と私は同高度にあって、死に物狂いの戦闘で互いに内をとられまいとしていた。

　「照準を彼の前方にもっていくため操縦桿を(左に)押し倒したが、頭から血が失せて視覚が喪失してしまった。操縦桿を押す力を少し緩めると眼の焦点が戻ってきた。敵が小さな旋回円の向こう側で私のほうを振り返っているのが見えた。彼が私と同じ苦労を味わっていることがわかり、機体が震動するのを感じながらも操縦桿を(左に)押し倒し続けた。彼を捉えつつあったが、求める見越し角にはまだ足りなかった。心臓が喉元にせり上がって激しく鼓動するのを感じながら、相手の上を取るためにラダーの上をちょいと蹴り込んだ。とその途端、敵機の主翼がふらついて、海面を叩き、裏返しになって海に叩きつけられた。

　「機体が盛大に水しぶきを立てるのを見たが、それ以上はなにもなかった。私はブラックアウト(一時的な視覚・意識喪失)を起こし制御不能に陥ったが、海面に突っ込む寸前に機体を回復させた。フィッツによると、私はきりもみ上昇していったらしい。降下することも充分あり得たわけで、そうなればドイツ空軍の機体もろともに私も海中に没して決着するところだった」

　この戦闘が行われている間に、"スパイク"・アンバースもまたFw190の撃墜戦果をあげていた。これは彼にとって初の単独撃墜で、その前にはDo217の協同撃墜と不確実撃墜1、Fw190撃破1を記録していた。彼は後にタイフーンとテンペストだけで全撃墜戦果をあげるという数少ないエースのひとり

となった。

　スコット少佐の戦争のやりかたは時として予期せぬ結果をもたらしている。7月14日、なかなか尻尾を掴ませないドイツのEボート魚雷艇を捜索している間に、彼はアメリカ人の航空兵が乗っている2艘の救命筏を発見した。彼らは最終的にASRランチによって救助されている。翌朝、再度Eボートの捜索に出発したが、ル・アーヴル沖にまた別の爆撃機搭乗員の乗った救命筏があるのを発見した[※14]。撃墜された乗員たちの上空を旋回させるため4機のタイフーンを残して、スコットはタングミアに戻り、爆撃機乗員のために救命艇を運ぶようASRのハドソン哨戒機の出動を要請した。ハドソンとともにル・アーヴルへと引き返し救命艇の投下を無事に終えたが、帰還途中でついにドイツ空軍が姿を現した。

　「見上げると確かにダックエッグブルーの胴体をしたドイツ機の一群が直上を旋回していた。敵に機先を制されてしまい、私は裸で社交の場にいるような気分だった。だがすぐに襲撃してくるようにも見えなかった。この隙に現場に残っていた機をタングミアに戻し、味方はみなで8機になった。

　「私はゆっくりと旋回しながら充分な距離をとるまで救命艇から離れ、部下には自分に従い『散開』の命令に注意深く耳を澄ませるよう指示を出した。姿勢を立て直し、我々がどうにか2機編隊を組み直したとたんにBf109とFw190が襲いかかってきた。曳光弾の初弾と同時に私は『散開』と叫び左に機首を振って上昇した。私はすぐに何かを忘れていることに気づいたのだが、そのとき1機のFw190が上を飛び越えて右舷正面を横切った。射撃ボタンを押したが敵は私の射線を縫うように飛び、敵機の後流に打たれて私の機は錐もみに入った。これまで経験した危機一髪のうち、今度ばかりはあわや最悪の事態というところで機体を回復しながら、私は、敵機が海面に激突するほんの少し前に機外に身を投じていたFw190のパイロットと、もう少しで衝突するところだった。この錐もみは私自身が招いたことである。頭のなかで綿密に戦術を立てているうち、私は巡航用の高いピッチから最適な位置に切り換えることを忘れてしまっていたのだ。私の撃った機関砲弾が敵機に着弾したのをまるで見てはいないのだが、いつも付き従ってくれているフィッツ（協同撃墜した）は間違いなく当てていた。同じように常に私の側にいるジム・マッコーは後に、もうちょっとで私の機のプロペラが海面を叩くところだったのを見たといっていた」

　この戦闘でフランク・マーフィはタイフーンのトップ・エースの座に肉薄し、彼が攻撃を記録したFw190はフランスの方向に濃い煙を吐きながらふらふらと逃げていった。この戦果は不確実撃墜とだけされている。"アーティー"・セイムズもまたFw190を1機撃墜し、これで撃墜3機となった（因みに1機目は協同撃墜）。この後、彼は撃墜数を増やしはしなかったが、第137飛行隊で二度目の実戦勤務期間を務める間にタイフーンで

第198飛行隊の"マイク"・ブライアン少佐が、1943年9月27日にオランダ沿岸への対艦攻撃のときに20mm対空砲弾の直撃を受けたことによるタイフーンJP666「TP○N」の損傷を調べている。彼は140ノット（260km/h）以下の速度では制御不能となるため、そのままの速度で強行着陸を行った。
(IWM CH 12812)

唯一のV1撃墜エースとなる。

先述したように、タイフーンの攻撃作戦は第609飛行隊によって切り開かれてきた。この主導的な立場は（ビーモントによって始められた）タイフーンの飛行時間に制限が課せられていたにもかかわらず、後任指揮官のアレック・イングル少佐（彼もまたバトル・オブ・ブリテンのベテランで、第605飛行隊所属時に、2機撃墜、3機不確実撃墜、1機撃破の戦果を記録）によっても継承された。公式には、使用可能なエンジンの不足から稼動を月間300時間に制限されていたが、この部隊は規則を曲げて"非公式"な戦争を戦い続けていた。

熟練の冴えを体現する人物のひとりがレミー・ヴァン・リエルデ（通称"マニー"で知られていた）である。彼はドイツ占領下の祖国からイギリスに逃れた亡命ベルギー人で、イギリスに渡ってからイギリス空軍で飛行訓練を受けていた。彼の撃墜記録が始まったのは1943年1月20日、ロンドンへの大規模爆撃が行われた余波のなかでのことで、高度27000フィート（8200m）でFw190を1機撃墜した。これはタイフーンによる戦闘ではかつて成功した例のない最高高度であることは間違いない。文字どおりの故郷ベルギー上空で「ルーバーブ」任務に就いていた1943年3月26日に次の戦果があった。これはアート近くでユンカースJu52と遭遇したときのことで、瞬時にケリが着いた。夜間「ルーバーブ」はヴァン・リエルデの専門で、5月14～15日にかけての夜、彼は敵飛行場爆撃の後に暗闇のなかでハインケルHe111を発見、回避行動をとろうとした敵機を墜落に追い込んだ。

1943年7月30日、スキップホル飛行場爆撃に出撃した複数のダグラス・ボストン爆撃機を第609飛行隊のタイフーン6機が護衛した。オランダ沿岸のすぐ沖で、タイフーン編隊はスピットファイアに急襲されたが、それに続いてBf109による攻撃を受けた。これに続く戦闘でエリク・ハービョルンはBf109を首尾よく1機撃墜、ヴァン・リエルデは別な形での撃墜を記録した。彼が落とした敵機は、ヴァン・リエルデの高度な回避飛行に追随しようと試みて海に墜落したのである。これでベルギー人の撃墜数は合計4機となった。

1943年8月、アレック・イングルは昇進し第16航空団、第124飛行場の航空団飛行指令に着任するため出発した。しかし——数週間のうちに彼は戦時捕虜（PoW）となってしまうのだが——彼はボーヴェスティイを攻撃する3個飛行隊の一部を率いていたときに、4./JG26（第26戦闘航空団第4中隊）指揮官ホッペ少尉によって撃墜された。同作戦には、他の2名のエース、デニス・クロウリ-ミリング中佐（第121飛行場の航空団飛行指令）、ヘンリー・デ・C・A"パディ"・ウッドハウス大佐（第16航空団司令）も参加していた。ウッドハウス大佐は撃破1機（撃墜3機、協同撃墜2機、撃破3機で大部分はタングミア航空団指令のときに記録した）を記録、編隊の他の2名のパイロッ

"ロニー"・フォークス少佐（写真中央）はバトル・オブ・ブリテンからそれに続く期間に大いに功を成して実戦勤務期間を満了した（撃墜9機、協同撃墜4機、未申請撃墜2機、不確実3機、撃破1機、協同撃破1機）。第56飛行隊で小隊長として勤務、第257飛行隊では飛行隊長として実戦勤務期間いっぱいまで務めたにもかかわらず、彼は撃墜スコアを増やす機会には恵まれなかった。Dデイ直後に対空砲火で撃墜され超低空で脱出したが、すでに超過勤務であった彼は任務から永久に解放されることとなった。
(No 257 Sqn records)
（訳者補足：ロナルド・レニー・フォークスは1944年6月12日、乗機のタイフーンMN372「FM◎A」がカンの南で被弾、機外脱出したが高度が低く、パラシュートが開いたときには地面に激突、33歳で死亡した）

対空砲火による損傷を取り巻いて眺める第182飛行隊のパイロットたち。機体は"サンディ"・アレン少尉のタイフーンEK195「XM◎B」。アップルドラムにおいて1943年6月21日の撮影。
(J A Sandeman Allen via B H Cull)
（訳者補足：ジェイムズ・アラン・サンドマン・アレンはシンガポール、スマトラ、ジャワにおけるエースのひとりで第232、第242飛行隊所属時に7機撃墜、3機不確実撃墜、6機撃破の記録をもつ。『ACES HIGH』のデータによれば撃墜はすべて零戦とされる。1943年にヨーロッパへ戻った）

トも同様の戦果をあげている。

　イングル少佐が第609飛行隊を発つと同時に、部隊はまた自身のタイフーン部隊を指揮するためにエリク・ハービョルン大尉も転任させられてしまった。これらの損失を補うことをじっと待っていたが、この穴はふたりの上質な替わりで埋められた。先の部隊で確立した最高記録をひっさげてジョニー・ボールドウィンがA小隊の新指揮官となり、いっぽう新たな司令（もうひとりの進取の気質に富んだ指揮官）に"パット"・ソーントン‐ブラウンが着任した。彼は第56飛行隊の小隊指揮官となるまでは、ワールウィンド双発戦闘機を飛ばしていた。

　ソーントン‐ブラウンは、タイフーン用の長距離燃料タンク（増槽）開発で開ける可能性をすぐに理解した。44英ガロン（200リッター）入り増槽を両翼にそれぞれ1基ずつ装備することで機の航続距離はきわめて有用な400マイル（640km）にまで引き上げられる（空になった場合は投下する）。最高速度は時速30マイル（48km/h）ほど減じられてしまうが、戦闘に入る場合には、いうまでもなくタンクは投棄可能である。

　この装備は、以前のイギリス空軍の戦闘機では到達範囲外であった夜間戦闘機や練習機基地をも、タイフーン部隊の作戦可能範囲に収めたのである。8月8日にL・E・スミス大尉が、このタンクの秘める能力を証明してみせた。彼は、オランダを抜けてベルギー経由でドイツの制空域に侵入するという記録破りの長距離「ルーバーブ」を行った最初のタイフーン・パイロットとなったのである。

タイフーン部隊の小隊、飛行隊長の生存率は決して良いものとはいえなかった。この集合写真がその事実を物語っている。写真中央が第56飛行隊のフェラウング少佐で1943年6月20日の対艦攻撃で対空砲火によって撃墜された。彼の右隣が"パット"・ソーントン‐ブラウン大尉（撃墜2機、協同撃墜3機、協同撃破2機）で後に第609飛行隊の指揮をとるが、1943年12月21日にUSAAF（アメリカ陸軍航空軍）の複数のP‐47によって撃墜されている。フェラウングの左がブライアン・ホーキンズ大尉。彼はすでにフランス上空で撃墜されたことがあり、これを切り抜けて写真が撮られた当時には第245飛行隊でハリケーンを飛ばしていた。そして第56飛行隊での実戦勤務期間をタイフーンに乗って生き抜き、1945年にはテンペストを飛ばすために実戦部隊に戻った。(BAe)

増槽がすぐ部隊に行きわたるというわけにはいかず、ソーントン-ブラウンは2組以上を入手すべく奮闘しなければならなかった。ようやく具体化したときには、ボールドウィンがパリ西部への出撃任務でフォッケウルフFw190を2機撃墜するという結果で実を結び、来るべき日々のパターンが確立した。このフォッケウルフでボールドウィンは撃墜数を5機とし、最初のタイフーン・エースになった。この後も、彼はエースの地位を維持することになる。

　1943年8月、第609飛行隊はマンストンで別のタイフーン部隊である第198飛行隊と合同した。元ワールウインド・パイロットでDo17を1機協同撃墜、Fw190を1機不確実協同撃墜という記録を有する"マイク"・ブライアンが指揮をとった。9月は航空戦が鳴りを潜めていたが、10月から1944年2月にかけて、両部隊は主に「レンジャー」[※15]作戦による成功続きに沸き返り、戦闘機軍団の羨望の的となった。

　10月4日、ボールドウィンはFw190の撃墜を1機増やし、その翌日にはヴァン・リエルデがユンカースJu88の撃墜をもってエースの地位に到達した。この日、ヴァン・リエルデが撃墜戦果をあげる3時間ほど前に"ピンキー"・スターク少尉もまたJu88を撃墜し、意義のある戦果をあげた。これは3月にFw190を撃墜して以来のことである。戦闘報告は「レンジャー」における慌ただしい戦闘の様子を伝えている。スタークと"アーティー"・ロス中尉はリム基地を1317時に出発した

"ピンキー"・スターク少尉の笑顔には理由がある。第609飛行隊の200機目の戦果をあげたところで、大きな"賭け"に勝ったのである。この幸運なパイロットを待ちかまえていたものは、下の写真のような機体であった……

「スワソンから南に飛行中、彼らは一帯に樹木の茂った地域のなかにある飛行場に向け旋回していった。パリの東70マイル（113km）ほどの地点である。コナーントルであろうと思われる。そこに8機ほどのMe110がおり、うち3機は列を成し、1機は給油中であった。スターク少尉は列中央の機体に向け1斉射を放ち着弾を確認、その結果左舷エンジンとコクピットが爆発炎上、地上勤務員は四散した。ロス中尉は飛行場の別の区画にいるMe110（Bf110）を攻撃。反射式照準器が作動不能となったことで気勢を削がれながらも、標的の周囲一帯に着弾するのを確認、命中したと推定される。対空砲火が始まったため、両名はその場に長く留まることはせず南進した。約1分後、右舷5マイル（8km）先、高度3000フィート（910m）に、北へ向かうJu88単機を視認。スタークは急速上昇旋回を行い距離1/2マイル（800m）後方、相対高度1000フィート（300m）下方に至ったところで敵機は東に旋回した。スタークが400フィート（120m）まで接近したところで、敵機はゆっくりと旋回して再度機首を北に向けた。第1斉射によって左舷エンジンが出火、敵機は旋回を開始し高度を下げた。高度500フィート（150m）で再び水平飛行に戻り南に向け飛行していた。距離100ヤード（91m）からの1秒の射撃で、残りのエンジンから煙が出、コクピットにも命中弾が確認された。スタークは的を外したが、敵機が森の中に墜落するのを目撃、機体は炎上した。その直前に風防が投棄されており、機体が地面に接触するまえに、搭乗員1名が機外に飛び出していた」

……第609飛行隊200番目の犠牲となったのはユンカースJu88であった（スタークのガンカメラによる映像）。1943年10月5日、スワソンの南で、低高度「レンジャー」任務のときに接敵した。
(both photos L W Stark)

タングミア航空団を指揮するために転属した"デズ"・スコット中佐が自分のイニシャルを記入したタイフーンR8843の傍らでポーズを取っている。同機は実戦部隊に最初に到着したスライド式風防装備機体で、コクピットからの視界が格段に向上したものである。初期の供給は遅々としており、このような機体は飛行隊や小隊長の特権として取り置かれたもので、ほとんどの部隊に充分に行き渡るのは1944年のことである。(D J Scott)

　この戦果は意義あるものである。というのも、第609飛行隊にとって200機目の撃墜であり、フォークストンにあるマジェスティック・ホテルにおいて盛大な記念パーティーが催されたのである。招待客は600名を超えるものであった。

　ヴァン・リエルデは同僚のベルギー人ワトレ軍曹とともに、スタークとロスが帰還した1時間ほど後に出発した。長機との接触を失ってしまったワトレは任務の遂行をあきらめたがヴァン・リエルデは強行し、最終的にパリの南60マイル(97km)ほどの地点に飛行場を発見した。そこで彼は地上にあったユンカースJu88を2機破壊している。それからラン/スワソン地区に進行、彼はここで着陸態勢に入っていた別のJu88を急襲した。射撃を開始、飛行場の対空砲火が迎撃を始めるまえに尾部とコクピットへの着弾を確認、不運なJu88も彼の戦果に組み入れられた。このドイツ爆撃機は機体を引き上げたが、側面から墜落し最後の激突で完全に息の根を止められてしまった。

　翌月の最終日に、ヴァン・リエルデは自身最後の戦果をあげた。第609飛行隊に所属していた年のうちに、彼はすでに異なった5種の敵機撃墜を達成していた。すなわちフォッケウルフFw190、ユンカースJu52、ハインケルHe111、メッサーシュミットBf109、ユンカースJu88である。そして次に6番目の機種、メッサーシュミットBf110を1機、彼に相応しい場所である最愛の故国ベルギー上空で撃墜した。彼の実戦勤務期間は12月に満了したが、遠からずテンペストで実戦に戻ることとなり、それから再びタイフーンに乗った。

　第198飛行隊がその名を上げるのもまたこの日のことである。マイク・ブライアン率いる9機の長距離仕様タイフーンがオランダを横切って掃討任務に出た。これは同部隊でのブライアン最後の出撃であり、レッド2を務めたのは誰あろうジョニー・ボールドウィンその人であった。いずれ彼は移動によって、ブライアンの後を継ぐことになる。不運にもボールドウィン機のセイバー・エンジンは息をつき始め、彼は護衛とともに帰還せざるをえなくなり、「レンジャー」パイロットの夢は潰えてしまった。

　悪天候のためデーレンへの接近は北から南に変更して掃討をすることに

なったが、タイフーン編隊はすぐにJu188を1機発見、これはV・スミス大尉率いるイエロー分隊が攻撃した。彼の攻撃がユンカースに致命的な損傷を与え、分隊の残りの者たちが命運尽きた爆撃機に完膚なきまでの機関砲弾を浴びせかけた。編隊はさらにデーレンに向け進路を維持、フォッケウルフFw190のロッテ(2機のペア)3組が着陸のために周回しているのを視認、編隊はこれに反応した。先頭のフォッケウルフが接地すると同時にブライアンはその僚機に猛烈な攻撃を仕掛け、敵機は裏返しになって滑走路の東端に墜落した。ブライアンのナンバー2は先頭のFw190が滑走路にいる間に撃ちまくり、敵機はその場に停止して煙を吐いていた。フィットール大尉とウィリアムズ中尉はフォッケウルフの2番目の編隊と戦闘、いっぽう3番目の編隊の1機がアボット中尉に襲いかかった。全戦闘は4分でけりが着いた。ヒルゼ-レイエンに向かったが標的となるものはなく、帰途のはしけ、曳き船、浚渫船がみなの注意を引いただけだった。

　第198飛行隊の9機のタイフーンは12月4日、「フォートレス支援掃討任務」(「ラムロッド348」)のため再度出撃した。彼らは第609飛行隊とノース・フォアランド上空で集結したが、この作戦ではマンストンの隣に駐屯する部隊の上空掩護を割り当てられていた。

　エイントホーフェンで第198飛行隊は、4機のドルニエDo217が並列編隊で飛行しているのに遭遇、これに猛攻をかけ全機撃墜という戦果をあげた。このうちの1機はボールドウィンが落とし撃墜数を1機増やした。いっぽう低空では第609飛行隊が、こちらもKG2(第2爆撃航空団)所属のドルニエを複数発見、"パット"・ソーントン-ブラウンと"アーティー"・ロスはそれぞれに1機撃墜を果たし3機目を協同撃墜した。ロスはまた、別のDo217をアンリオン軍曹と協同撃墜し、いっぽう別の2名のベルギー人ゲーアト中尉とディータル少尉は各々1機撃墜と2機撃墜を申告した。合計11機。KG2所属の古参兵は戦後このように述べた「星に感謝せねば。あの日、私は飛ばなかったのだ」。

　南西に下り、今度はプリマス近くのハロウビアを基地としていた第266飛行隊も増槽が配備されたことで航続距離を広げることができるようになった。部隊はこのとき、ピーター・ルフェーヴル少佐が率いていた。彼は過去、第46、第126飛行隊に所属してノルウェー、バトル・オブ・ブリテン、マルタで実戦を経験し戦果は撃墜4機、協同撃墜3機、不確実協同1機、撃破1機であった。

　12月1日、彼は自身の部隊からと第193飛行隊のタイフーン護衛部隊をブルターニュ南岸沖の対艦攻撃の上空援護に率いた。作戦中に遭遇した最初の敵機は、フランス西海岸に基地を構える機雷掃海飛行隊のひとつに所属する足の遅い"マウジ"ことユンカースJu52であった。これは瞬く間に決着が着いた。2機のユンカースJu88がこれに続き、ルフェーブルは1機を部下3名と協同撃墜し、もう1機は第193、第266両飛行隊で戦果を分け合った。後者を撃墜したパイロットのうちのひとりが"ジョニー"・ディール大尉である。彼は3月にSKG10所属の襲撃機を1機撃墜、別の機体を協同で破壊していた。この後ディールは1944年初頭に実戦勤務期間が終わるまでに撃墜戦果をさらに加えることとなる。この月の終わりに同様の任務でN・J・ルーカス中尉は4番目の撃墜戦果をあげるが、これはグロワ島近くで機雷掃海型Ju52を第266飛行隊パイロットと協同撃墜したものであった。

　だが、損失がなかったわけではない。12月21日、第609飛行隊は向こう見

"ジェフ"・イーグル中尉は1943年1月24日に単独で12機のBf109を攻撃、3機撃墜の戦果をあげた。第274飛行隊でハリケーンに搭乗、北アフリカで従軍していたときに数機撃墜していたようで、少なくとも5機(おそらくは7機)の撃墜、1機不確実、2または3機の撃破という成果を残している。彼は戦後間もなくデ・ハヴィランド社のためにプロペラの試験を指揮していたが、このとき搭乗していたタイフーンの構造欠陥によってブロックンハースト(サウサンプトン南西の街)近郊に墜落した。(via N Franks)
(訳者補足:ウィリアム・ジェフリー・イーグル中尉はホーカー社のプロダクション・テストパイロットを務めていたが、1945年3月30日、乗機のSW519が墜落。構造欠陥が原因による最後の損失となった)

ずな指揮官ソーントン-ブラウンを失う。それは彼のこれまでの流儀が最悪の損失を生み出したものであった。アメリカ陸軍航空隊のマローダー爆撃機を近接護衛するという特殊任務に就くため、2個タイフーン編隊のそれぞれに中型爆撃機の「箱形編隊」（ボックス）が割り当てられた。ここでまた、かつての識別問題が蒸し返された。タイフーンのうちの2機（ソーントン-ブラウンの機を含む）が、アメリカ陸軍航空隊のサンダーボルトによって撃ち落とされたのである。彼はパラシュートでの脱出に成功したものの、降下中にドイツの地上軍に撃たれ死亡した。ソーントン-ブラウンの後任となったのは第609飛行隊の"ジョニー"・ウェルズである。彼は第609飛行隊に籍を置いたことがあり、指揮をとっている期間に撃墜3機、撃破1機の戦果をあげた。

　新年は第198、第609両飛行隊のタイフーン・パイロットが再び一身に脚光を集める形で始まった。1月2日、パリの西方に「レンジャー」任務のため出撃した第198飛行隊はドイツ空軍飛行場でさらなる地上目標、複数のBf110とMe210を発見したが、さらにその帰路にパリ上空で多数のビュッカーBü131練習機に対し奇襲をかけエッフェル塔の周囲で追撃を行なった。1機を撃墜、もう1機に損傷を与えたが、残りはこの機種が捕捉し難いものであることを証明する結果となった。単機のFw190とも遭遇したが、こちらはそう運があるとはいえずボールドウィン少佐の機関砲で落とされてしまった。翌日、シャルル・ディータル中尉がFw190を1機撃墜、これで撃墜数は3カ月間で4機目となった。彼はこの月の終わりまでにさらに3機の撃墜を重ね、最短期間でタイフーン・エースとなっている。

　1月4日、「ラムロッド421」の支援として第198、第609両飛行隊のタイフーンは大挙して「レンジャー」任務に出発した（第198から7機、第609から9機という構成）。高度ゼロでヒルゼ-レイエン飛行場（奇妙な運命のいたずらか、彼らはこの場所を1年ほど基地として使用することになる）まで飛び、そこから分かれるという作戦であった。それから第609飛行隊はフォルケルおよびデーレン飛行場を受け持ち、第198飛行隊はエイントホーフェンとフェンローを"訪問"する予定であった。

　ヒルゼ-レイエンに近づくうち、タイフーンのパイロットたちは単機のドルニエDo217を発見、後を追いながら飛行場に向かった。この後に続く光景は1カ月前にエイントホーフェンで繰り広げられた戦闘を彷彿とさせるものである。第198飛行隊が戦果1機であるのに対し、第609飛行隊がDo217を4機（さらに地上にあった2機の未確認航空機、おそらくユンカースJu88Cであろうとされる）という戦果をあげた。"ピンキー"・スタークは自身4番目の戦果として、ドルニエのうちの1機を協同撃墜している。

　残るタイフーン装備部隊（1944年1月の時点でタイフーン配備の部隊は19におよんでいた）は、ほとんどがこのような戦闘の機会を逃していた。1943年11月の終わりから、タイフーン部隊の大部分が"ノーボール"[※16]サイトつまりV1飛行爆弾発射施設に対する、あまり魅力のな

マンストンの分散所を出発するのは第198飛行隊の長距離仕様タイフーンJR371「TR○R」。J・マクドナルド中尉は1944年1月13日、この機体でユンカースJu88を1機撃墜、アラドAr96を他の3名のパイロットと分け合った。（via G Seager）

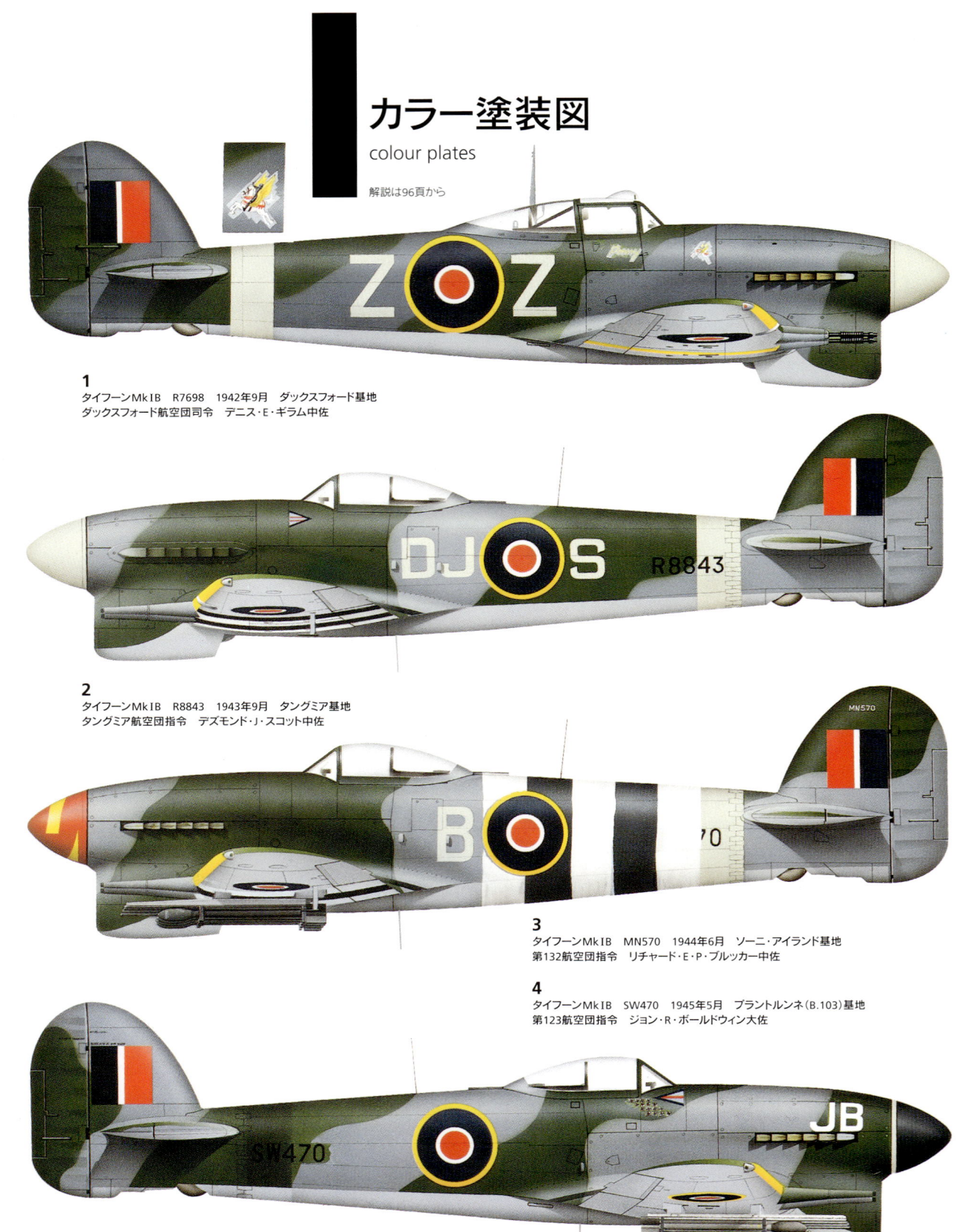

カラー塗装図
colour plates

解説は96頁から

1
タイフーン Mk IB　R7698　1942年9月　ダックスフォード基地
ダックスフォード航空団司令　デニス・E・ギラム中佐

2
タイフーン Mk IB　R8843　1943年9月　タングミア基地
タングミア航空団指令　デズモンド・J・スコット中佐

3
タイフーン Mk IB　MN570　1944年6月　ソーニ・アイランド基地
第132航空団指令　リチャード・E・P・ブルッカー中佐

4
タイフーン Mk IB　SW470　1945年5月　ブラントルンネ(B.103)基地
第123航空団指令　ジョン・R・ボールドウィン大佐

5
タイフーンMkIB　MN518　1944年5月　ハーン基地
第143航空団指令　ロバート・T・P・デイヴィッドソン中

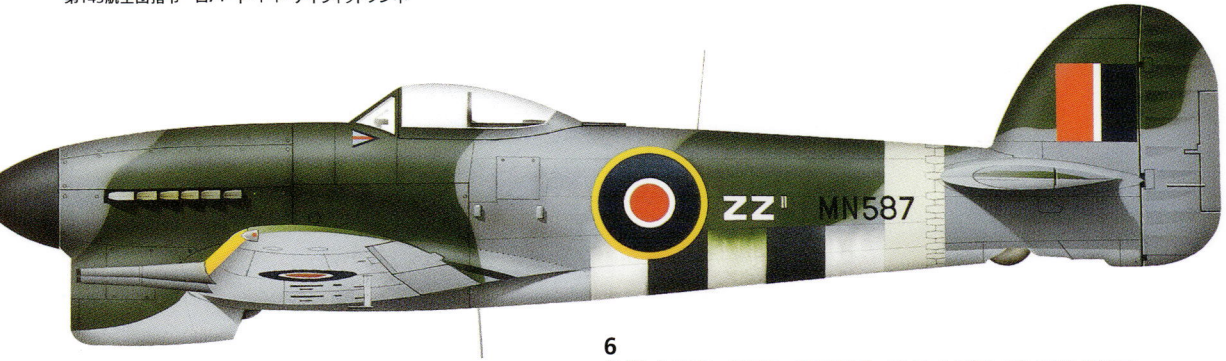

6
タイフーンMkIB　MN587　1944年10月　アンフェルス（アントワープ）(B.70)基地
第146航空団指令　デニス・E・ギラム大佐

7
タイフーンMkIB　PD521　1944年11月　アンフェルス（アントワープ）(B.70)基地
第146航空団指令　ジョン・R・ボールドウィン中佐

8
タイフーンMkIA　R7648　1942年6月　ダックスフォード基地
第56飛行隊長　ヒュー・S・L・ダンダス少佐

9
タイフーンMk IB　MN134　1944年6月　マンストン基地
第137飛行隊　アーサー・N・セイムズ中尉

10
タイフーンMk IB　JP496　1943年8月　リド基地
第175飛行隊長　ロバート・T・P・デイヴィッドソン少佐

11
タイフーンMk IB　EK270　1943年6月　アップルドラム基地
第181飛行隊長　デニス・クロウリーミリング少佐

12
タイフーンMk IB　EK195　1943年6月　アップルドラム基地
第182飛行隊　ジェイムズ・A・S・アレン少尉

13
タイフーンMk IB　EK273　1943年6月　ルダム基地
第195飛行隊長　ドン・"ブッチ"・テイラー少佐

14
タイフーンMk IB　MM987　1944年3月　マンストン基地
第198飛行隊長　ジョン・R・ボールドウィン少佐

15
タイフーンMk IB　MP126　1944年12月　エイントホーフェン(B.78)基地
第247飛行隊長　バジル・G・ステイブルトン少佐

16
タイフーンMk IB　JP510　1943年8月　ウォームウェル基地
第257飛行隊長　ロナルド・H・フォウクス少佐

17
タイフーンMkIB　JP846　1944年1月　ハロウビア基地
第266飛行隊長　ピーター・W・ルフェーヴル少佐

18
タイフーンMkIB　JP906　1943年10月　ハロウビア基地
第266飛行隊　ノーマン・J・ルーカス中尉

19
タイフーンMkIB　RB28　1945年2月　エイントホーフェン(B.78)基地
第439飛行隊　A・H・フレイザー中尉

20
タイフーンMkIB　R8781　1942年12月　タングミア基地
第486飛行隊　キース・G・テイラー－キャノン軍曹

21
タイフーン Mk IB　EJ981　1943年6月　タングミア基地
第486飛行隊長　デズモンド・J・スコット少佐

22
タイフーン Mk IB　R7752　1943年2月　マンストン基地
第609飛行隊長　ローランド・P・ビーモント少佐

23
タイフーン Mk IB　R7855　1943年2月　マンストン基地
第609飛行隊　レモン・A・ラルマン中尉

24
タイフーン Mk IB　SW411　1945年5月　ブラントルンネ(B.103)基地
第609飛行隊長　ローレンス・W・F・スターク少佐

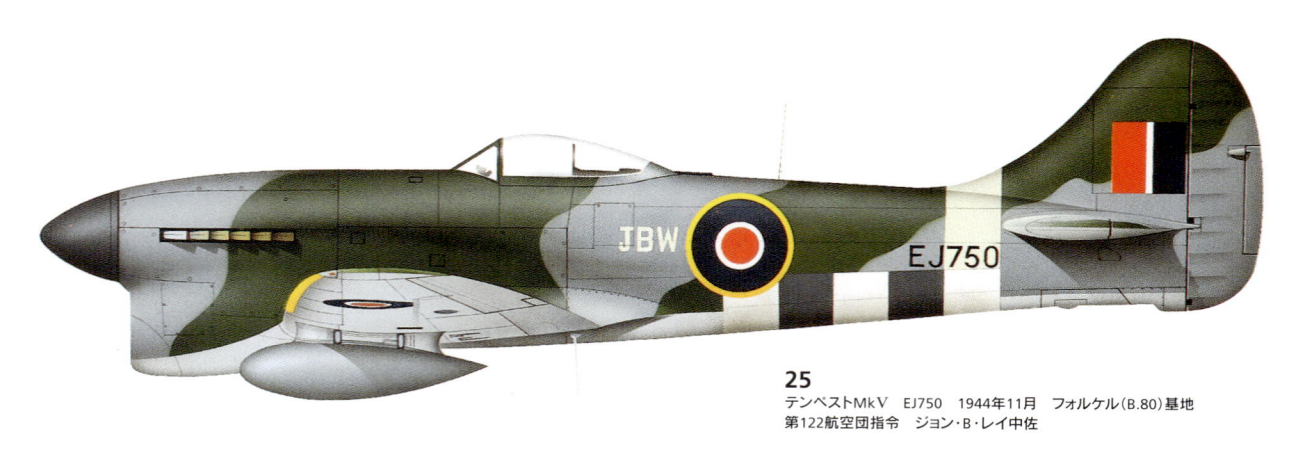

25
テンペストMkV　EJ750　1944年11月　フォルケル（B.80）基地
第122航空団指令　ジョン・B・レイ中佐

26
テンペストMkV　SN228　1945年5月　ファスブルク（B.152）基地
第122航空団指令　E・D・マッキ中佐

27
テンペストMkV　JN751　1944年6月　ニューチャーチ基地
第150航空団司令　ローランド・P・ビーモント中佐

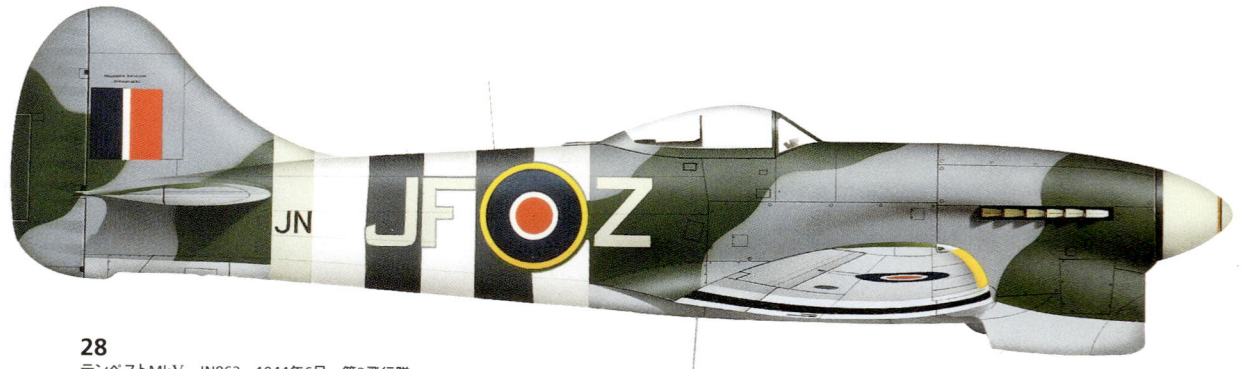

28
テンペストMkV　JN862　1944年6月　第3飛行隊
ニューチャーチ基地　レミー・ヴァン・リエルデ大尉

29
テンペストMkⅤ　NV994　1945年4月　ホプステン(B.112)基地
第3飛行隊　ピエール・H・クロステルマン大尉

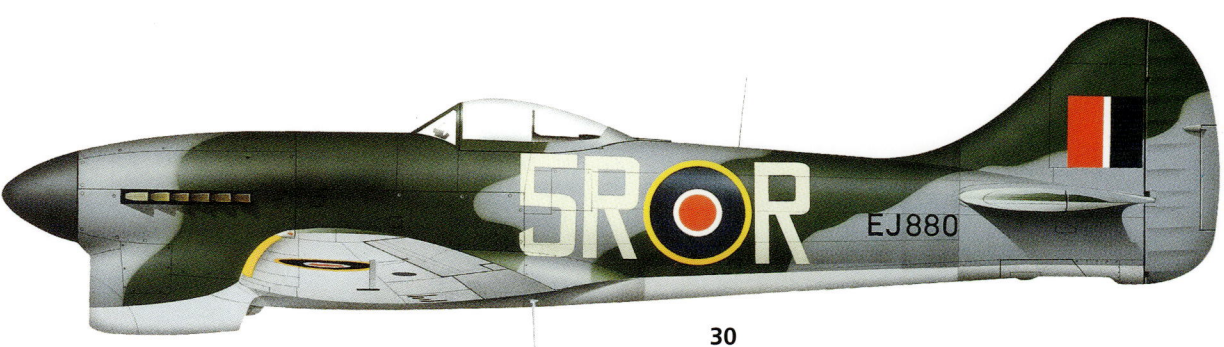

30
テンペストMkⅤ　EJ880　1945年2月　ヒルゼ-レイエン(B.77)基地
第33飛行隊　L・C・ルクホッフ大尉

31
テンペストMkⅤ　EJ578　1944年9月　グリムベルゲン(B.60)基地
第56飛行隊　ジェイムズ・J・ペイトン中尉

32
テンペストMkⅤ　EJ667　1944年12月　フォルケル(B.80)基地
第80飛行隊　ジョン・W・ガーランド中尉

33
テンペストMkⅤ　NV700　1945年3月　フォルケル(B.80)基地
第80飛行隊長　E・D・マッキ少佐

34
テンペストMkⅤ　NV774　1945年3月　ヒルゼ－レイエン(B.77)基地
第222飛行隊　L・マッコウリフ大尉

35
テンペストMkⅤ　EJ762　1945年11月　フォルケル(B.80)基地
第274飛行隊　デイヴィッド・C・フェアバンクス大尉

36
テンペストMkⅤ　NV722　1945年3月　フォルケル(B.80)基地
第274飛行隊長　ウォールター・J・ヒバート少佐

37
テンペストMkV　JN803　1944年10月　グリムベルゲン(B.60)基地
第486飛行隊　ジョン・H・スタッフォード中尉

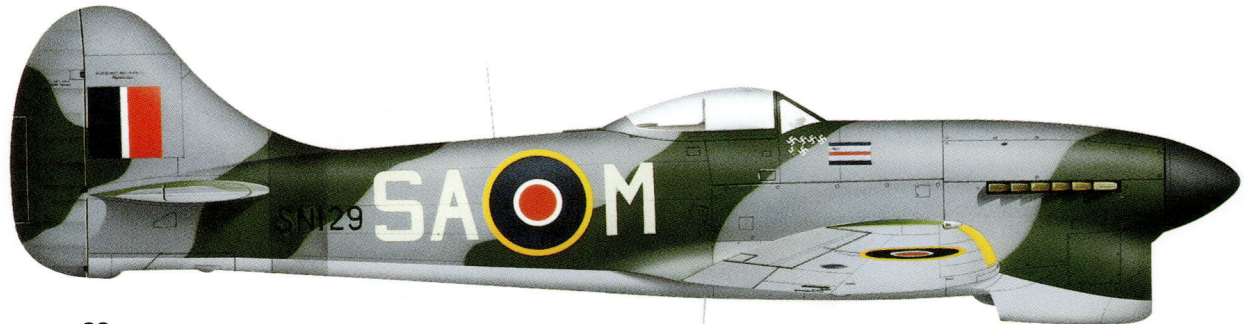

38
テンペストMkV　SN129　1945年5月　ファスブルク(B.152)基地
第486飛行隊長　コーニーリアス・J・シェダン少佐

39
テンペストMkV　NV969　1945年4月　ホプステン(B.112)基地
第486飛行隊長　ウォレン・E・シュレーダー少佐

40
テンペストMkV　EJ558　1944年10月　ブラッダル・ベイ基地
第501飛行隊　B・F・ミラー中尉(アメリカ陸軍航空軍)

パイロットの軍装
figure plates

3
タングミア航空団司令
デズモンド・J・スコット中佐
RNZAF　1943年後半

1
第486飛行隊長
アーサー・E・アンバーズ少佐
RNZAF（ニュージーランド空軍）
1945年初頭

2
第150航空団飛行司令
ローランド・P・ビーモント中佐

4
第439飛行隊
A・ヒュー・フレイザー中尉
RCAF（カナダ空軍）

5
第198飛行隊長
ジョン・R・ボールドウィン少佐
1943～1944年冬

6
第274飛行隊長
デイヴィッド・C・フェアバンクス少佐
RCAF　1945年2月

い作戦に従事し続けていた。ほとんどの2TAFタイフーン航空団（ちょうどこの時期に編成された）が「レンジャー」でその腕前を試す機会を得るようになってからも（もっとも華々しい成果はほとんどなかった）、ノーボール作戦への投入は1944年春まで継続した。

かたや第198、第609飛行隊は戦果を重ね続けていた。マイク・ブライアンは折に触れ参謀としての職務の傍ら時間を割いて、かつて所属した飛行隊とともに飛んでいた。1月13日、彼とボールドウィンはいずれも、旧フランス空軍のコードロン・ゴエラン（ドイツ空軍に接収されたもの）輸送機を撃墜した。11日後、第198飛行隊のジェフ・イーグル中尉（彼は北アフリカで第247飛行隊に所属、ハリケーンMkⅡに乗って任務に就いていたが、その当時に少なくとも2機の撃墜、1機不確実撃墜、3機撃破の戦果をあげている）は一度の飛行任務で3機撃墜を成し遂げたタイフーン・パイロット選抜部隊に加わった。

本土沿岸軍団所属のボーファイター部隊がフリジア諸島に向け対艦攻撃に出るのを護衛するのが選抜部隊の任務である[※17]。イーグルは、第3、第198、第609の各飛行隊から引き抜かれ、その日のためにコウルティシャルに分遣された24機ほどのタイフーンから成る編隊の一員となっていた。しかし、"ボー"（ボーファイター）のコウルティシャル上空到着が2分早く旋回待機を怠ったことから、第3飛行隊の小隊と第198飛行隊所属の4機だけがどうにか合流できただけだった。残りのタイフーンは虚しい探索を行なったが20分後に帰還を命じられた。

合流できなかった部隊に入っていたイーグルは、主力部隊に合流できるという望みをもって、そのまま予定の針路を飛行することを自ら選択した。本隊との合流には失敗したが、アーメラント島の北約30マイル（48km）を高度ゼロで飛行中にメッサーシュミットBf109Gの12機編隊にばったりと遭遇したのである。3組のシュヴァルム（4機編隊）で、高度300フィート（91m）を浅い角度のV字を成しながら、彼ら自身の予定のコースを正しい角度で、左舷の方向から飛行してきた。イーグルの戦闘報告は以下の通りである。

「私は左にブレイク、300ヤード（270m）、90度の角度から、敵の速度が時速260～280マイル（420～450km/h）であることによる偏差を考慮して照準をリング3つ半ほど見越して飛行隊の指揮官機に対し短い射撃を加えた。機関砲弾は胴体の増槽に命中し爆発、そして閃光が機体全体を包みそのまま海に突っ込んでいった。

飛行進路と偏差はそのまま維持して、同じ分隊の3番機に狙いを着けた。200ヤード（180m）から80ヤード（73m）まで接近しながら長い射撃を加えた。しばらくの間は何も見えなかったが、攻撃がもとでコクピットから灰色がかった白煙が噴き出してきた。ドイツ機は突然左に傾き4番機に衝突、後ろの編隊の長機を巻き込んでもろとも墜ちていった」

イーグルが左にブレイクしたとき、残る2個編隊の片方が、排気管から黒い排気煙を引きながら基地に向かっているもうひとつの編隊と合流

R・T・P・デイヴィッドソン中佐の撃墜マークは特異である（が、紛れもなくタイフーンに描かれている）。日本機2機、イタリア機2機、ドイツ機1機という内容である。この写真は1943年10月1日に撮影されたもので、彼はこのときちょうど第121飛行場の航空団飛行司令に着任したばかりであった。第175飛行隊のタイフーンJP496「HH◎W」を自身で同部隊に運んでいった。

デイヴィッドソンのタイフーンJP496（まだスピナーの下に「W」の文字が残っている）。リドにおける撮影。このとき機体の国籍標識の両側には、自身の名前の頭文字を縮めた「R◎D」を記入している。（PAC）

する前に、おざなりながらも正面攻撃を試みた。編隊は、どうにかしてイーグルの後ろを取ろうとしたものの果たせなかった最初の編隊の唯一の生き残りを置き去りにしてしまったが、彼もまた基地に向け逃げ去り、後に残ったタイフーン・パイロットはコウルティシャルに針路を向けた。彼は実戦勤務期間を完遂したが、終戦の数日後タイフーンの構造欠陥が原因の墜落としては最後から2番目となる事故で非業の死を遂げる。

この戦闘の3日後、さらに2名のタイフーン・エースが生まれた。"ピンキー"・スタークとシャルル・ディータルがブリュッセルへ「ルーバーブ」のために出撃したときのことである。ディータルの最初の犠牲となったのはエルラ・ブルッセル(整備組織)の"銀色"のBf110で、それからさらに同様の航空機がエヴェール飛行場で地上掃射を受けた。次はスタークの番で、輸送機を1機(当時はコードロン・ゴエランだと思われていたが、現在はFlugbereitschaft Ld.Kdo.＝航空司令部航空任務部隊所属のフォッケウルフFw58であることがわかっている)ブリュッセル基地の"裏庭"で八つ裂きにした。最後にディータルは6./JG2(第2戦闘航空団第6中隊)所属のメッサーシュミットBf109 1機を追跡、これを撃墜した。この機はブリュッセル近郊南にある民家に墜落、これが元で火災が起きた。ディータルは自分のせいであると自身を責めた。これがディータルの5機目、6機目の撃墜であり、そして最後の戦果でもあった。この有能なパイロットは、わずか2カ月後に飛行機事故に遭い命を落とすことになる。

2月。さらに4人のパイロットが、タイフーンの戦闘機としての日々が終わりを告げる前に5機撃墜を達成する。このうちのひとりが第266飛行隊にいたノーマン・ルーカスであった。彼はすでに4機撃墜(うち3機は協同)を果たしており、これに5機目を加えたのは2月9日に行われたエヴルー近くへの「ロデオ78」[※18]においてであった。

この戦闘ではいつもの全速力での追跡劇とはかなり事態が異なっていることが、以下の戦闘報告の詳細からうかがい知ることができる。ルーカスはまず、右舷約5マイルに未確認航空機を視認、追跡を開始した。

「敵機の後方約1500ヤード(1370m)まで近づいたとき、それがドルニエDo24飛行艇であることがわかった。そこで、ラッド・シャッターを降ろしスロットルを引き戻した。敵機の真後方やや下、距離500ヤード(460m)から200ヤード(180m)に接近しながら3秒間の射撃を開始した。

敵機の全体にわたって命中弾を確認、外側の両エンジンから出火、「スポンソン」[※19]は火に包まれ、炎は瞬く間に胴体全体に広がった。ミラー中尉は私が離脱した後に攻撃を仕掛け、その結果、いくつかの爆発が見え、炎は主翼にまで広がった。

なぜか敵機はそのまま畑をいくつかかすめるように飛び、そして木に激突してくるくると廻ったあげく爆発した。その煙は高度1000フィート(300m)にまで立ち上った」

この報告にあるラッド・シャッターというのは、機首下面にあるラジエター・フェアリングの後端にヒンジ結合されているフラップで、低速時での冷却効率を高めるため空気流量を調節するのが本来の使用目的なのだが、エア・ブレーキとしても効果的に使用できたのである。

翌日、第266飛行隊は再び戦闘に赴いたが、この時は"ジョニー"・ディール大尉に5機目の戦果をあげる番が廻ってきた。8機のタイフーンがベイカー中

佐に率いられ、第10航空団の「ロデオ80」のためにニュー・フォレストにあるビューリーを離陸した。タイフーンがエタンプ飛行場に到着したとき、歴史に残る戦闘が繰り広げられた。そこにはユンカースJu88が15機、分散駐機していた。

「私は200〜300ヤード(180〜270m)の距離から短い斉射を放ったが、敵機の主翼に挟まれた胴体部分に命中、炎に包まれた。振り返ると敵機は激しく炎上しており、炎は10フィート(3m)ほどの高さにまで上がっていた。私はこの機を「地上破壊」と申告した。我々は編隊を組み直し針路を010に取った。別の飛行場施設ブレティニに接近、私は胴体着陸していた大型機を攻撃したが、これはDo217だろうと思う。敵機の周りでは地上勤務員の集団が作業をしており、機体のすぐ横には何かの車両が1台停まっていた。放った初弾はちょっと距離が足りなかったが、ついに敵機への命中を得、地上員たちは右往左往して逃げまどい何人かは死んだはずだ。この攻撃の後、西の方向、高度1000フィート(300m)にJu88が単機で飛行しているのを目撃。ベイカー中佐を呼び出しながら20度から10度の角度、距離350ヤード(320m)から150ヤード(137m)に接近しつつ2秒間の斉射で攻撃、敵機の一面に多大な命中弾を得て敵機は出火、機体の後半分、胴体の一部と尾部が地面に接触し半壊。この時点で私は他機(第266飛行隊の2機、第193飛行隊所属1機)ともどもベイカー中佐、および彼の僚機からはぐれていた。飛行針路を維持して3分後、僚機のマッギボン中尉が右舷に敵機との報告をよこし、我々は敵機の方向に旋回した。この敵機は、内陸部に向かっている練習機(ハーヴァード)型の編隊であった。私は攻撃を加えることはできなかった。マッギボン中尉はこのうち3機を撃墜した。それ以上の敵機は認められず、分隊に編隊を組み直すように告げて基地への針路をとった」

この"ハーヴァード"練習機は実際はイェール、ハーヴァードのスパッツ付き固定脚仕様の練習機で、大戦勃発前にフランスに運ばれたものであった。マッギボンは4人目にして最後の単飛行任務で3機撃墜を成したタイフーン・パイロットであった。

2月12日、ジョン・ニブレット大尉(第198飛行隊の小隊長のひとり)は6週間の間に5番目の撃墜を果たした。メッサーシュミットMe210、Bf109、2機のフォッケウルフFw190の協同撃墜に、リヨレ・エ・オリヴィエLeO45を加えたのである。3カ月のうちに彼は飛行隊を指揮することになった。

2月の終わりの新たなエースが、"シュヴァル"・ラルマン中尉である。彼のFw190「不確実撃墜」が、Y無線傍受部隊によって撃墜確認されていたことを自身の調査で指摘、この結果ラルマン中尉はもっと早い時期(1943年2月14日)にエースに達していることになり、それどころか最初のタイフーン・エースにまで押し上げてしまった。彼はまた第197飛行隊で勤務していた1944年1月21日にメッサーシュミットMe210を撃墜しているが、この戦果の申告を認められていない。それというのも航空団司令に疎まれていたためで、その原因は第198飛行隊への転属を再三願っていたことによる。ラルマン中尉は後に、Dデイ進攻に続いて、自身で撃墜機の残骸のある位置を突き止めこの撃墜を申請している。

しかし、彼の公式の敵機撃墜5機は2月26日に記録された。このときすでに第198飛行隊で飛んでいた彼は、ナンバー2のハーディ中尉とともにマンストンから成果のない緊急発進を行なったが、ダンケルク沖で思いがけずメッ

サーシュミットBf110夜戦に遭遇した。最初の正面攻撃の後、2機のタイフーンは不運な双発戦闘機に向けて旋回しながらさらなる機関砲弾を浴びせかけ、これを海に叩き落とした。このドイツ機のパイロットは54機撃墜のエクスペルテ、Ⅳ./NJG1（第1夜間戦闘航空団第Ⅳ飛行隊）所属のヘルムート・ヴィンケ曹長で、彼は昼間に巨大な夜間戦闘機でイギリス海峡上空を飛ぶという愚かな決断をしたのであった。

　いまや、純粋な戦闘機としてのタイフーンの日々は申し分のないもので、真に欠くべからざるものであった。戦闘機軍団の残存するタイフーン飛行隊は、組織されたばかりの機動第2戦術航空団指揮下に統合され、さらにロケット弾発射レールによって明らかに機体重量が増した機体を飛ばしている第198、第609飛行隊さえも例外ではなかった。来たるべき侵攻に備え、道路、鉄道網、レーダー基地を体系的に破壊するためで、この両飛行隊の独立性はもはや失われた。

　当時、新たに編成された部隊のひとつが第136航空団で、マイク・ブライアンが指揮した。彼は"休暇中"に"机を飛ばしていた"ときにも第198飛行隊への協力を続けていた。彼の5機目、タイフーンでの4機目にあたる撃墜戦果は1月13日に達成されていたが、タイフーンによる5番目の撃墜は航空団に合流して後、5月18日になってからのことであった。Bf109協同撃墜という彼の戦果は、タイフーンで「エースの地位」に達した最後のパイロットとなる。侵攻の始まりのなかで、タイフーン・パイロットは50以上の撃墜を成し遂げるが、これは広く17の飛行隊に分散する戦果なのであった。

　作戦が始まってから2年を経たタイフーン・パイロットの功績を、彼らのひとりであり、この作業を始めたビーモント中佐以上に即座に判断することは難しい。

　「新たな種類の戦闘機パイロットが現れた。伝統的なスピットファイアの"戦闘気乗り"（ファイター・ボーイ）は、航空優勢を確立し維持するという任務の本質によって未だ際立って目立ち人気もあるが、タイフーン航空軍の（そして後にテンペストとなるが）"マッド・ムーバー"（泥の中を這いずるもの）たちは低空攻撃専門の荒っぽいなんでも屋集団のパイロットとなり、いかなる敵に対しても、あるいはどのような天候であっても彼らの巨大な戦闘機を自信に満ちて駆り、ロケット弾で、爆弾で、そして彼らのお気に入りでもある20mm機関砲で目標を精確に激しく攻撃して見せなければならなかった。

　「彼らは熟練した勇敢なパイロットで、『Dデイ』以降の日々、その結果は目にも明らかである作戦と、歴史的なヨーロッパ縦断の大攻勢を支援し、ときに大きな損失から我々の勇猛な地上軍を救ったことに誇りをもっているのである」

訳注
※12：この"ルーバーブ"は、ドイツ空軍の戦闘爆撃機による攻撃を表している。
※13：イギリス空軍登録シリアルPE882のフォッケウルフFw190は6./SKG10（第10高速爆撃航空団第Ⅱ飛行隊第6中隊）所属のオットー・ベフトルト軍曹乗機とおもわれ、型式・仕様はA－4/U－8、W.Nr.7155。機体下面や尾翼などを黒でオーバーペイントしたSKG10所属のいわゆる"スネーク・イン"（本書風にいうなら「ルーバーブ」）任務によく見られた塗装で、機体コードは「H」1文字が記入されていた。イギリス本国で比較的早い時期に無傷で捕獲された貴重な機体のひとつで、数々の性能実験に使用されていたが、1944年10月13日、飛行中に機体火災により墜落した。
※14：今度はイギリスの航空兵であった。
※15：敵勢力空域に大規模編隊で侵入、自由裁量で目標を攻撃。敵の航空戦力（戦闘機）を消耗させることを第一義とする作戦。
※16："ノーボール"はもともと、V1発射基地および関連施設攻撃作戦に付けられたコードネーム。

※17：本土沿岸軍団所属ボーファイターとの対艦協同作戦はコードネーム「ラグーン」と呼ばれた。
※18：「ロデオ」はイギリス空軍の作戦コードネーム。戦闘機のみによる敵支配地域内への掃討任務。
※19：艇体の左右に張り出した短い翼状構造物。離着水時の安定を保つ。

chapter 4
侵攻
d-day and 'divers'

Dデイ進攻の支援のためにタイフーン飛行隊が再編成されつつあるいっぽうで、新たな"役者"が舞台に登場した。ホーカー・テンペストである。1940年早々には、タイフーンの厚い主翼の限界は明らかになっており、1941年9月に主翼の改設計が始まっていた。新型の薄い主翼によって翼内燃料タンクの一部を移動する必要が生じ、改修されたタイフーンMkⅡの胴体はコクピット前方に76英ガロン（346リッター）入り燃料タンクが収まるように延長された。その結果、

第609飛行隊で成功裡のうちに満了した実戦勤務期間の後、彼は「タイフーンを地図の上に載せる」手助けをしてきていた。"ビー"・ビーモントはホーカー・エアクラフト社で残りの任務期間をテンペスト開発に尽力したが1944年2月になって、最初のテンペスト航空団を指揮するために転属した。そして彼は、ここに見られるように自分の専用機とともに写真と写ることになった。（IWM CH 12767）

その機体はJN751「R◎B」で、1944年初頭、航空団創設期のカッスル・キャンプスにおける撮影。（IWM CH 13959）

これもJN751であるが、こちらはDデイ後の撮影。完璧な「インヴェイジョン・ストライプ」がラングリのホーカー社工場で施されており、"前線"でストライプを記入された他のニューチャーチ航空団所属テンペストの何機かとは好対照を成している。ビーモントはまさにこの機体で、1944年6月8日にテンペスト最初の空中戦果をあげている。（R P Beamont）

機体はタイフーンとはまったく異なるものとなったことから、ただちに名称を「テンペスト」に変更している。

異なるエンジンを搭載した数型式が開発されたが、ネイピア・セイバー・エンジンを搭載したものが最初に部隊配備された。ややこしいことに、この機種はMkVという型式名である。MkⅠ、MkⅢ、MkⅣは結局実戦配備されることはなく、またブリストル・セントーラス・エンジンを積んだMkⅡがイギリス空軍の飛行隊に到着したのは、大戦で作戦行動を行うには遅すぎる時期となってしまった。

生産型テンペストVの初号機が飛んだのは1943年6月21日のことで、この機体は最初の生産発注分100機の一部である。これらの機体はMkVシリーズ1として知られるが、主翼の前縁から長砲身のイスパノMkⅡ機関砲が8インチ（20cm）ほど突き出ていることによって、後のMkVシリーズ2との識別は容易である。

同年10月、第3次生産分のテンペストVがボスコム・ダウンのA&AEE（航空機および兵器試験評価研究所）に機体性能および操縦性の試乗を含む一連の試験のため送られた。結果報告は総じて申し分のないものであったが、批判の集まったのがエルロンの重いこと（機が対気速度時速535マイル（861km/h）で急降下飛行していたときでさえ動かせたにもかかわらず）と横転率が貧弱であることについてであった。問題点は、スプリング・タブ・エルロンを装備することで、ただちに大幅に改善された。

コクピットからの視界は（スライド式風防付きタイフーンのキャノピーと同じものを装備）きわめて良好と判断された。最大速度は海抜高度ゼロで時速376マイル（605km/h）から、高度18400フィート（5600m）で時速432マイル（695km/h）の間に達し、高度6600フィート（2010m）ではきわめて実用的な時速411マイル（661km/h）を記録した。イギリス空軍は、あとわずかな改良でテンペストがもっとも強力な中・低高度戦闘機となりうることを理解していた。

テンペストが素晴らしい戦闘機となるかどうかを見極めるために、当時最新であった連合軍・ドイツ軍戦闘機との比較評価を行うため、初期生産機体1機がウィッタリングのAFDU（航空戦闘技術開発部隊）に送られた。このときの生産機[※20]はスプリング・タブ・エルロンを装備、その結果、横転率は劇

的に改善されており、とりわけ大気速度時速250マイル（400km/h）以上においての効果は絶大であった。

　まず、タイフーン（旧型風防装備機体）との比較飛行が行われた。テンペストに装備されていた新型の水滴風防によってもたらされる、離着陸、編隊飛行、格闘戦時における恩恵は際だって明白となった。全周視界は、当時使用されていた連合軍・ドイツ軍のいかなる機種よりも優っていた。エンジンはさらに円滑に駆動し、ラダー、エルロン、エレベーターはいずれも、先祖にあたるタイフーンよりも効果的に働くことがわかった。最大速度については、さまざまな高度や条件設定においてタイフーンよりも時速で15〜20マイル（24〜32km/h）ほど上回った。この余剰な速度はタイフーンと同等の航続距離をテンペストに与え、タイフーンに比べて減じられた機体内部搭載燃料容量を埋め合わせていた。

　上昇率は、最大上昇率において毎分300フィート（91m）ほど優れていたが、ズーム上昇については機体がより洗練されたことによって大幅に改善されており、急降下性能についても同様であった。実際、テンペストの急降下時における加速は驚異的で、この事実と武装のプラットフォームとしての堅牢さが北西ヨーロッパ上空における戦闘での成功の鍵となる部分であった。

　マスタングⅢ［※21］やスピットファイアⅩⅣ［※22］、Bf109G［※23］、Fw190A［※24］との比較で、テンペストは高度20000フィート（6100m）以下であればいずれの機種に対しても速度では勝り、連合軍機に関しては時速15〜20マイル、ドイツ機に対しては時速40〜50マイル（64〜80km/h）も優位であることが明らかとなった。それ以上の高度では、マスタングやスピットファイアについては立場が逆転するものの、Bf109Gに対してはテンペストはほぼ同等、Fw190Aについては依然テンペストのほうが速かった。

　旋回性能を見れば、テンペストはマスタングのわずか外側を、スピットファイアについてははるか外側をまわることになったが、Fw190には一歩も譲らず、Bf109に対しては外側をまわるけれども、これは失速近くなって前縁スラットが開いている状況のもとでであった。横転率ではFw190とは比較にならず、マスタング、スピットファイアに対しても下回っていたが、時速350マイル（560km/h）以上の速度域では、マスタング、スピットファイアについてはこの状況が逆転する。この速度以下であればテンペストは大まかにBf109と同等だが、これ以上の速度ならばドイツ軍機はバンク角と方向の急速な変更ができなくなってしまった。スピットファイアⅩⅣとテンペストの比較について、AFDUは両機がまったく異なる特性を備えていることに気づき、タイフーン飛行隊はテンペストで再装備すべきであり、初期型式のスピットファイアを装備している飛行隊はスピットファイアⅩⅣを装備すべきであると判断した。当初はこの率直な方針にしたがって、1944年の初頭、第3飛行隊と第486飛行隊に最初のテンペストが配備された。

ピーター・ブルッカー中佐は極東でハリケーンを飛ばしていたとき、すでにエースの地位に達していた（撃墜7機、不確実撃墜2機、撃破1機）。イギリスに戻ってから戦闘機指揮官学校で時間を過ごし、第123航空団の指揮をとるようになる。(via C Shores)

ブルッカー中佐のタイフーン（MN570「B」）、Dデイ当日にソーニ・アイランドを離陸するところを撮影したもの。(IWM FLM 3107)

1944年6月8日のテンペスト初陣における唯一の犠牲がこのJN796「JF◎A」で、プロペラのオーバー・スピードを起こしてしまった。搭乗していたM・J・A・ロウズ曹長は連合軍勢力下の海岸堡にみごとな強制着陸を敢行し、このテンペストはその後回収され補修を受けた。(IWM FLM 3109)

しかしながら配備率は遅々としており、ニューチャーチで最初の航空団が編成されたのは1944年4月のことで、テンペスト装備のこれら2個飛行隊と合同した第56飛行隊は、いまだ少数のタイフーンと穴埋めのためのスピットファイアIX何機かを装備している状況であった。最適とされた航空団飛行司令は誰あろう"ビー"・ビーモント少佐であったが、彼は"休暇"勤務期間をテストパイロットとしてホーカー社でテンペスト開発の手助けをしてきたばかりで、今度は実戦部隊の指揮をとることになったわけである。

　ビーモントは航空団を第2戦線に即応できる状態にするため懸命に働いた。5月7日に作戦を申し渡されたにもかかわらず、航空団3番目の飛行隊のテンペストは定数を満たしてはおらず、信じがたいことだがこの事態はホーカー社の労働争議が主な原因であった。Dデイ当日は大部分が待機の状態で、テンペストは結局、悪天候の中を薄暮時になって作戦に従事するよう求められたが、夜になると呼び戻された。翌日は何事もなく過ぎ去ったが、Dデイ・プラス2日、ついに戦闘に遭遇する。ルワーンとリジュー間の哨戒線を、上空援護の第486飛行隊とともに第3飛行隊を率いていたビーモントは、5000フィート(1500m)ばかり下方に縦列編隊のメッサーシュミットBf109G 5機を発見した。迎撃のために急降下、彼は敵編隊の後方に接近することを得、標的として最後尾の機を選んだ。彼は著書『Tempest over Europe』のなかでこう振り返る。

　「約500ヤード(460m)の距離のところで私の出現に気づいた彼らは、最大ブーストの排気煙と翼端からは白い水蒸気の帯をひきながら、鋭く左に散開した。長機と残りの機については頭から閉め出し、目標にのみ神経を集中、彼の旋回コースの少し内側に機体を押し込み、400ヤード(360m)ぐらいの距離から短い射撃で攻撃の口火を切った。我々はあっという間に接近し、彼が激しくバンクを変更して翼を揺らしたとき、距離を彼の機の尾輪から100ヤード(91m)ほどに保つためスロットルを急速に戻し、90度以上にバンクしながら彼の機のスピナーの前方に余裕をもって照準線を取り、およそ照準のリングひとつ分の偏差を見越した。2秒の短い射撃が胴体と主翼に命中するのが見え、突然敵機は煙を曳き、オイルが私の機の風防に降りかかった。

　「彼が急に減速しながら右に旋回、私は彼の尾翼に並ぶまで反転後退、敵

機の主翼付け根からは炎が流れているのが目に入ったが、コクピットの中にパイロットのいる兆候は見えなかった。

「ナンバー2の"レフティ"・ホイットマンの援護に全幅の信頼を置いているので、私は後ろを振り返ることはほとんどしなかった。それから、爆発。テンペストは衝撃を受け強いコルダイト火薬の臭いがして、カリフラワーほどの大きさの穴が右主翼に現れていた」

"レフティ"・ホイットマンもまたこのテンペスト最初の戦闘について『Listen to Us』に書いている。

「彼らが我々を巻き込もうとしているのに感づいていた。我々が攻撃し、私が後方を振り返ると、別のペアが太陽のなかから、我々に向かって急降下してきていた。"ビー"が4機（原文ママ）のうちの1機に銃撃したとき、私はスロットルを戻してテンペストを急旋回にもっていき敵長機を攻撃、それはクレー・ピジョン（クレー射撃の標的）のように爆発した。急横転をし、私は"ビー"の標的が分解するのを見て、照準に2番目の目標を捉えようとしたとき、敵は雲に向かって垂直降下、私はこれを追った。敵は東に向かったであろうと推測しながら、地面に降りるぐらいに降下したが敵機の痕跡は何も見出せなかった。"ビー"が第3飛行隊に静かにするようにいっているのを聞いたが、これは残りの109を追っている間、多くの交信があったからだ。右翼に機関砲弾を受けて、彼の姿は消えてしまい、私たちは別々に基地に帰って来た」

"ビー"は無事着陸、彼のテンペスト「RB」JN751には新しい主翼が付けられた。この他で唯一の損害が、ロウズ曹長で、彼は自分のテンペストを海岸堡に強行着陸させたが、これはプロペラの先端失速が原因であった。A・R・ムーア大尉もまたBf109を撃墜、航空団とテンペスト双方に空中戦での華々しいスタートをもたらした。その後の日々、ノルマンディ上空でさらなる哨戒が行なわれたが、遭遇する敵の唯一の反撃は対空砲火という形のみであった。やがてこの"危険"は、ルフトバッフェが被ったもの以上にテンペスト・パイロ

第3飛行隊のパイロットがテンペストJN812「JF◎M」の尾翼周辺で出撃前説明を受けている。1944年7月、ホーンチャーチにて。このテンペストには部隊識別文字周辺に明らかな再塗装の形跡がみられるが、Dデイの前日に部隊コードレター「QO」から「JF」に変更されたことによる。(IWM CH 18814)

素早い整備点検は、対「ダイヴァー」哨戒に必要とされる水準を維持するためにニューチャーチでは日課となっていた。右翼上では給油中であり、いっぽう装塡係が弾倉の手入れを行い、エンジン整備係が潤滑油を補充している。(IWM CH 14088)

ットの生命を脅かすことになる。

　テンペスト航空団の日常は劇的に変わろうとしていた。1944年6月の12日から13日にかけての夜、耳慣れない音がイギリス南東上空から聞こえてきた。最初のV1 "飛行爆弾"が何時間か前に発射されており、午前4時を少し過ぎたころロンドン南東地区に到達したのである。発射施設の諸問題がもとで大規模な攻撃は6月15日から16日かけての夜まで遅延したが、テンペスト航空団は新たな脅威、コードネーム「ダイヴァー」の迎撃哨戒をすぐ翌日から開始した。この戦いは、連合軍がイギリス本土を射程に捉えうる可能性のある発射施設をことごとく壊滅させるまで、以降およそ3カ月にわたって続くことになる。

　この新たな災厄はフィーゼラーによって作られFi103と呼称される無人航空機であるが、ドイツの宣伝機関によってVergeltungswaffen＝報復兵器と名づけられた。後に、よりいっそう破壊的なA4弾道ミサイルと合わせて、これら2種の兵器はそれぞれV1、V2として知られるようになる。イギリス市民には"バズ・ボム"(パルスジェットの耳障りな騒音によってこう呼ばれるようになる)や"ドゥードルバッグ"(この呼び名は第486飛行隊のパイロットが創出したといわれる)といった名でも通っているものであった。V1という兵器は小型の航空機(翼全幅は6mに満たない)で、アルグス・パルスジェットを動力とし、高度1000〜5000フィート(300〜1500m)で時速400マイル(640km/h)を超える速度で推進する能力を有する。

　この作戦が開始された最初の12日間で2000基のV1 (弾頭にはそれぞれ1870ポンドのアマトール——無煙爆薬を搭載)がフランス北部の沿岸地帯にある発射斜路から射出され、それに続く数週間、一日平均100基余が海峡を超えて飛来した。低高度で高速、そして小型であるということがV1を迎撃・破壊することの困難な標的にしていた。

　この脅威に対してイギリス本土防衛に利用できる連合軍戦闘機のうち、低高度での高い巡航性能と最大速度を有するテンペストが、任務に最適であ

った。ニューチャーチ航空団は、このため日中は可能な限り多数のペアで、夜間はずっと単機による作戦で警戒を維持することを全面的に託された。

V1阻止にはテンペストがもっとも適していたにもかかわらず、あまりに膨大な仕事量に、昼間はこの任務をスピットファイアXIVと、夜間はマスタングと分担する必然が生じ、あるいはまた別の航空機、初期型式のスピットファイア、タイフーン、そして最初のジェット戦闘機であるミーティアまでもを巻き込んで、この一連の戦闘のそこここにこれらが投入されることになる。

一連の作戦の当初は多少なりとも自由裁量であり、これがため複数の機体が一斉に目標を迎撃しようとして仕損じたり、互いの攻撃の邪魔をするという結果を生じた。意気阻喪したパイロットにできることは、徐々に射程距離にまで近づくことだけで、ときにそれは首都上空にまで追跡することにもなっ

撮影されたテンペストの写真のなかでもっとも有名なもののひとつの例であるが、第3飛行隊所属「JF◎Z」の"素性"はこれまでにいささかの謎が残っていた。しかし、新たなリサーチによってこの機体が「B」小隊長"マニー"・ヴァン・リエルデ大尉の搭乗していたJN862であろうことが明らかとなった。高い技量のパイロットであったヴァン・リエルデは昼間のV1撃墜で上位にランクされ、その数は44基である。原写真を精査したところスピナーに巻かれた帯は、実際はごく細い3本の線であることがわかった。ヴァン・リエルデの出自を考えれば、ここにベルギーのナショナル・カラーを配していたと考えられる。
(IWM CH 14095)

対「ダイヴァー」作戦のほとんどをテンペストで飛んだ後、ヴァン・リエルデはロケット弾搭載のタイフーンを装備した第164飛行隊の指揮をとるため昇進した。1944年11月、アイゼンハワー将軍がヒルゼ－レイエンの第123航空団を訪ねたおり、ヴァン・リエルデは写真のように彼と会っている。(RNZAF)

た。いっぽう地上の対空砲手たちは、侵攻する"ダイヴァー"をなにがなんでも落とす気構えであり、砲火が開かれると戦闘機もいっしょに危険に晒された。

すぐさま防衛陣は3つの帯状に組織化された。まず第1防衛線は戦闘機哨戒によるもので、これはイギリス海峡上空一帯を守備範囲とした。第2防衛線は対空砲によるもので、海岸線からロンドン市街に至る幅広い円弧状の地域、最終防衛線はロンドン外縁の阻塞気球という布陣である。

昼間、戦闘機パイロットらによって編み出された方法は、飛来する"ダイヴァー"より3000フィート（910m）上の高度を哨戒し、レーダーによる迎撃のための進路指示を待ち受けるというものである。飛行爆弾の平均速度は時速400マイル（640km/h）周辺であるが、機体によって速いものもあれば遅い場合もあった。テンペストは上方から目標に浅い角度で降下しながら正尾追撃できるような位置を取り、爆弾が小さな目標であることから、通常パイロットは撃墜の成功を高めるため射撃開始を射程が短くなるまで遅らせた。

この方法は少なからぬ危険を背負うこととなる。爆弾本体と弾頭が爆発したとき、追跡していた戦闘機には爆炎を回避する可能性は残されていないのである。パイロットたちにとって、破片の大部分は彼らの通過点からすでに遠ざかっているであろう爆心を突き抜けるのだという考えは、何の慰めにもならない。2機のテンペストが、これが原因で失われており（うち1件はパイロットとともに）、大多数が損傷を被っている。

夜間防衛の強化のためにFIU（戦闘機迎撃部隊）から一握りのテンペストとパイロットが、分遣隊としてニューチャーチに到着した。パイロットはボーファイターやモスキート夜間戦闘機の経験者たちであった。昼間戦闘機パイロットと同様、これら"闇の狩人"もまた成果をあげ、とりわけ"ジョー"・ベリー大尉は夜ごと、その計り知れない手練の冴えを披露していた。8月7日、彼の戦果は驚くべきことに撃墜52基、協同撃墜1基という数に達しており、さらに驚愕すべきは一夜にして7基を落としたことであった。

この段階でFIUのパイロットは、ちょうどテンペストを装備したばかりの第501飛行隊と協同するためマンストンに移動した。ベリーは指揮をとるため昇進、夜間におけるFIUの戦果をあげ続け、その数は60（うち1基は協同）に達した。悲しいことに、彼は1944年10月2日、「レンジャー」任務のため3機のテンペストを率いてオランダに入ったが対空砲火で撃墜され死亡した。第501飛行隊がスピットファイアIXからテンペストVに転換して、この種の作戦ではわずか二度目の出撃においてのことである。

戦闘の推移に連れ、さらなる危険が顕在化してきた。昼夜を分かたぬ間断ない哨戒が疲労をつのらせ、過誤が続々と生じた。功を競う戦闘機が互いの攻撃を妨害し、衝突さえ起きた。複数のテンペストが、スピットファイア、

オーウェン・イーグルソン曹長が起倒式の足掛けのひとつを使ってテンペストJN845「SA◎G」のコクピットから降りながら、待ち受ける仲間に勝利のサインを送っている。しかしこの写真は宣伝用に演出されたものである。イーグルソンがこの機体でV1を撃墜したのは1944年6月28日のことで、23基撃墜（協同撃墜が3基）という第486飛行隊の対飛行爆弾撃墜最高位へと突き進むことになる。この「SA◎G」（さまざまなパイロットが搭乗した）は、飛行爆弾15基撃墜に関係している。(IWM CH 18170)

R・W・コウル曹長は第3飛行隊でもっとも成功した"V1キラー"のひとりであり、24基撃墜（うち4基は協同撃墜）の記録をもつ。写真は爆発した"ダイヴァー"の爆煙を通り抜けたときに受けた損傷を点検するコウル。羽布張りの表面と塗装に爆発時の熱による重度の損傷が見えるが、実際に深刻だったのは小さな破片で、とくにテンペストの機首下に張り出したラジエーター・インテイクにこれを吸い込んでしまうことであった。(IWM CH 13401)

モスキートとの空中衝突で失われたのである。"味方対空砲火"もまた、テンペスト2機の損失と多数の機体の損傷原因となっており、そのいっぽう悪天候下や夜間出撃が原因でパイロットの何人かが命を落としていた。また、エンジンの不調によって失われたテンペストも複数存在した。セイバー・エンジンが相応の信頼を得た時期でも、常にスロットルを全開に維持するような操作が犠牲を強いたのである。これが原因で死亡したパイロットのひとりに、FIU所属のE・G・ダニエル少佐がいた。彼は2年前にはマルタでボーファイター夜戦を飛ばしており、撃墜7機、撃破1機、V1 4基撃墜の戦果を残した。

それでも作戦は続き、ニューチャーチ航空団に戦果のあがらないような日はなかった。パイロットたちは印象深い戦果を構築し始め、そのなかでも中心となったのは先に輝かしいタイフーン・エースとなり、今や第3飛行隊の「B」小隊を指揮するようになった"マニー"・ヴァン・リエルデ大尉である。6月23日、彼は単独で一日に5基ものV1を落とし、対"ダイヴァー"作戦終了時には撃墜44基に達した。これは昼間における最高位である。

"ビー"・ビーモント中佐は、31基のV1撃墜という戦果のみならず、テンペストの戦術を刷新したということにも貢献している。すなわち、

「射程距離についての問題と、弾頭が爆発したときに自身が吹き飛ばされる可能性を秤にかけていかに接近するか。400ヤード(360m)から攻撃を始めた場合、多大な消耗と、しばしば完全に見失ってしまうというような事態まで経験している。攻撃前に200ヤード(180m)まで接近したような場合、撃墜の成功率は上昇するが、破片や火災による損失を被ってしまう。私は確信した。標準的に戦闘機軍団の採用する機関砲の広角な射弾調整パターンではこの作戦には不適当とみなし、後に承認を得るのを怠ったが、自機の機関砲を300ヤード(270m)の距離で一点に集束するように弾道を調整した。この調整は射撃に即座な効力を見せ、次からのV1については第1斉射で命中し、効果は絶大であった。これを踏まえ、司令部の方針を無視し航空団所属の150機の機関砲を"集束弾道"とするように命じたことで私は以下の2つの結果を得た。第1に、航空団の撃墜率が即座に向上し続けていること。第2に、これは予期しなかったことではないが、司令部から発射される別の種類の"ロケット"であった」

昼間に使用する別な戦法が編み出された。弾薬が尽きてしまい"ダイヴァー"に接近してただ見守るだけという欲求不満に苛まれていたパイロットが発見したのである。飛行爆弾の脇に並んで飛び、V1の主翼の下に自分の戦闘機の主翼端を入れることが可能であることを。それだけ。そこからは、自機

G・A・"レフティ"・ホイットマン少尉が第3飛行隊所属のテンペストJN807「JF◎X」から降りようとしている。1944年6月下旬、ニューチャーチにおける撮影。RCAF(カナダ空軍)で従軍するアメリカ人のホイットマンは、テンペストでの最初の空戦でビーモントのナンバー2を務めたが、この飛行任務において長機に攻撃を仕掛けたBf109を撃墜した。そのとき彼が搭乗していたのはJN743「JF◎P」であった。(IWM CH 14092)

ニュージーランド人の"スパイク"・アンバースは第3飛行隊に小隊長として着任以前、第486飛行隊で実戦勤務期間を1期満了していた。彼は18基のV1を撃墜、のちに指揮官として第486飛行隊に戻り1945年1月にはエースの地位に達した。彼の最後となった任務は降って湧いたようなものであったが、これはアンバースをイギリスに乗せて行くはずだった飛行機の出発が遅延したためで、結局彼は対空砲火で撃墜され死亡した(1945年2月14日)。(via N Franks)

テンペストJN803「SA○D」は第486飛行隊のオーウェン・イーグルソンが時折使用していた機体である。1944年9月下旬の光景で、同機に搭載したパイロットが落とした数だけ"ダイヴァー"の平面形を模した撃墜マークが記入されている(原写真では脱き捨てられたフライト・ジャケットの下にその一部が見えている)。(Eagleson via Cranston)

V1撃墜の最高位はジョーゼフ・ベリー少佐が手中にしたが、少なくとも60基の"バズ・ボム"を撃墜した。戦果の大部分はFIU(戦闘機迎撃部隊)テンペスト小隊所属時、夜間にあげたもので、一夜にして7基を落とすという離れ業も成し遂げた。1944年8月16日、ベリーと他に5名のFIUパイロットは、マンストンの第501飛行隊が"ダイヴァー"夜間迎撃部隊へと任務内容が変更されたのにともなって同部隊へ移動、ベリーはこの部隊の指揮をとることになっていた。10月2日にベリーは3機のテンペストを率いてオランダの飛行場攻撃の任務に出撃したが、対空砲で撃墜された。(via N Franks)
(訳者補足:夜明けにアッセンの南西へ「レンジャー」のため出撃、50フィート(15m)という超低空飛行中に対空砲を浴びて墜落、死亡した)

の主翼を振り上げてV1の主翼をはたくだけの度胸があるかどうか。この結果V1は針路を見失い、大抵の場合はジャイロを反転させるのに充分で、これがもとでV1は墜落した。

ビーモントのナンバー2を務めた"レフティ"・ホイットマンはV1作戦が終了する前に、実戦勤務期間の終わりがきてしまった。彼は最後の飛行任務をこう振り返る。

「ちょうどグッドウィン砂州上空を旋回したとき、追跡者たちは私の標的の航跡を追って河口を横切っていった。高度約1000フィート(300m)、霧堤のすぐ上方に目標を視認した。フル・スロットルに入れ、私は素早く射撃位置に付いたが、もう時間がない。正面は気球の"壁"だ。短い射撃で次の一瞬、14基目は木っ端微塵に吹き飛んだ。それが落下していたらバタシー発電所が直撃を受けていたに違いない。旋回しながら『撃墜』を報告していると、立ち並ぶ家々から人々が飛び出してきて手を振っており、そこで私は悟った。私のビクトリー・ロールが士気高揚の一助になっていることを」

この文章が示すように、"レフティ"・ホイットマンは14基の飛行爆弾撃墜(うち単独戦果は7基、残る7基は協同)しているのだが、"公式記録"では「撃墜5基、協同撃墜5基」となっている。多くのパイロットが、撃墜申請を不公平に調節されているという感情を抱いていた。"レフティ"もこのようにいっている。

「それはツキとちょっとした『申請の水増し』、言い換えれば高い撃墜数と高位の叙勲は、作為的に成されるものなのだ。撃墜申請は飛行隊の段階で常に再調整され、後に知っ

たことだが、それは司令部レベルでも行なわれる。『射撃』は時に士気を高めるために『撃墜』という評価を与えられ、別の場合にもそれはあるということを我々はうすうす感じとっていた。自分が単独で成し遂げた成果だと考えていたものが、1/2機撃墜や1/4機、あるいは撃墜のおこぼれの破片を与えられるようなことがあれば、気がつかないわけがないだろう」

　上記の記述に照らしてみれば、付録3のV1撃墜リスト(公式記録に準拠する)は、混乱した状況のなかで最大限の正確な可能性を検証しようとしたものである。個々人の記録がどうであったとしても、テンペスト・パイロットが迎撃戦闘機隊のなかでもっとも戦果をあげているという事実だけは残っている。情報源が変わることで厳密な戦果を突き止めることは困難であるが、それでもニューチャーチ航空団の最低限の合計を引用してみると以下の通りとなる。第3飛行隊：288基、第486飛行隊：239基と1/2、第56飛行隊：70基と1/2(これらのうち1基はテンペスト配備以前のスピットファイアによるもの)。これらに、航空団指揮官自身の戦果31を加えねばならない。また、ニ

1944年10月、エセックス海岸沖を飛行中の第501飛行隊所属機。夜間のV1狩りに従事するテンペストで、手前からEJ763「SD◎X」、EJ599「SD◎W」、EJ589「SD◎J」。注意したいのは飛行隊コードレターの「SD」が胴体国籍標識の機首寄りに描かれていることで、テンペストの右側面では通常このようには記入されていない。通常は機首寄りに機体コードレター(1文字)で飛行隊コードレターは機尾側に描かれる。(Aeroplane)

ューチャーチにあったFIU分遣隊が86基と1/2の撃墜をあげているが、そのうち2基は夜間の撃墜である。マンストンを基地とするテンペスト部隊、第274飛行隊と第501飛行隊はそれぞれ15基、88基という戦果をあげ(後者は1945年3月までの記録を含む)、総計で800を優に超えている。この数字は他の機種による戦果をすべて合計しても上回るものである。

　ニューチャーチ航空団の3個飛行隊(総計で620を超える)を直接比較するならば(2個飛行隊はこの期間をフルに戦っており、第56飛行隊はテンペストによる最初の飛行任務は7月2日までなかった)、対"ダイヴァー"作戦に投入されたスピットファイアXIV配備の3個飛行隊が撃墜したV1の総数はおおよそ340基である。

　補足するなら、テンペストの成功はその祖先、タイフーンの貢献を無視するわけにはいかないだろう。マンストンに基地を置く唯一のタイフーン部隊に第137飛行隊が含まれていた。2TAFが編成されたとき、ADGB(本土防空軍)は戦闘機軍団に変わるのだが、このADGB統制下のタイフーン部隊はわずかながら2個残っていた。両飛行隊の主要任務は対艦攻撃、つまりドイツからの上陸部隊を水際で阻止するというものであったが、第137飛行隊は対"ダイヴァー"任務に従事することを要求して認可を得ることに成功し、決して妥協することなくその責務を果たした。

　6月22日から8月4日までの間に、第137飛行隊は30基のV1を落とし、このうち"アーティ"・セイムズ中尉(すでに第486飛行隊で功を成したパイロットとして紹介した)が5基を撃墜している。別の飛行隊のパイロットでオーストラリア人のジョン・ホーンは、交戦がなかった対艦哨戒偵察の帰途、ロケット弾を携行したままV1を捕捉しようと試みた。機関砲の有効射程にまで接近することができなかったため、ホーンはタイフーンの機首を上げ、4組8発のロケット弾を小さな標的に向け発射した。とっさに発射した兵器の少なくとも1発が"バズ・ボム"に命中、分解して原野に落ちていった。このことは「Zバッテリー」ロケットの速やかな実験をうながし、通常のロケット弾に換えて近接信管をつけることで完成に至った。だがこの装備は成功裡に終わったにもかかわらず、採用されなかった。

ブラッダル・ベイで1944年10月15日に撮影されたもの(この日は空中発射式V1に対するイギリスの防衛状況を報道陣に紹介するために設けられた)で、このテンペストV(EJ558「SD◎R」)は通常B・F・ミラー中尉が搭乗していた。"バッド"(若造)・ミラーはUSAAF(アメリカ陸軍航空軍)からの交換パイロットで、第605飛行隊所属時にモスキートで最初のV1撃墜を果たした。彼の残るV1撃墜記録はテンペストによるもので、2基はFIU所属時、5基(6基の可能性もある)は1944年8月の初旬に転属した第501飛行隊であげている。(IWM FLM 3111)

1944年10月、夜間飛行任務の準備をすすめるテンペストEJ608「SD◎P」。薄暮時のブラッダル・ベイでの撮影。(Aeroplane)

　先に触れた残りのタイフーン飛行隊は、今度は2TAFの指揮下に入った。ドイツ沿岸のレーダーに続く、"ノーボール"施設に対する攻撃の後、これらの部隊は侵攻作戦の支援のため定数を満たされた。この期間の航空団指揮官はふたりのエースであった。最初はマイク・ブライアン中佐、その後任がピーター・ブルーカー（撃墜7機、推定撃破2機、撃破1機）であったが、彼はバトル・オブ・ブリテン当時は第56飛行隊におり、東インドでは第232、第242飛行隊でハリケーンに乗っていた。そして3人目のエース、R・T・P・デイヴィッドソン中佐が侵攻直前まで新設のカナダ空軍タイフーン航空団を指揮していたのだが、フランス上空でエンジン故障に見舞われてしまい、その後彼はマキ[※25]とともに戦っていた。彼に替わって指揮官となったのは、第250飛行隊で4機撃墜（5機の可能性もある）の戦果をあげたキティホーク・パイロットのマイク・ジャッド中佐であった。

　DデイからVEデイ（ヨーロッパ戦勝日）までの間、ドイツの対空砲は経験豊富なパイロットの確実な犠牲、飛行技術を重視することなく確実に軍事力を誇示する方法であったようだ。デニス・スウィーティングはこの時期に第198飛行隊で飛んでいたのだが、その著作『Wings of Chance』において、損失に関して回想している。ジョン・ニブレット少佐がDデイの4日前に、沿岸部のレーダー基地攻撃を率いていた。

「我々が断崖から1マイル（1.6km）ほどの位置にあった時、私は今一度、照準、射撃、そしてシートベルトの締め具合を確認した。整然と並ぶレーダーの頂部が今でははっきりと見えたが、あるものは断崖の際に据えられたコンクリート台座に固定され、それ以外はもっと内陸部にあった。

「私は50ヤード（45m）ほど前を行く"ニビー"機のほうに目を向けたが、今しも200ヤード（180m）の高さの断崖を越えようと上昇しているところだった。私も上昇しようとしたその時、彼の主翼の下に閃光が走った。ロケット弾を発射したのなら、まだ射程距離に到達していないので早すぎると思った。それから恐怖に硬直し、彼の機は対空砲火を受けて炎を吹き出していることが理解できた。数秒のうちに彼の機体ではっきりと見えたのは火球から飛び出した翼端と機尾であった。海に没して爆発したとき機体の翼端はゆっくりと

裏返しになっていったようだった」

　ニブレットのまえに第198飛行隊長で第136航空団を指揮するため昇進した"マイク"・ブライアンについては先述している。スウィーティングはこう続ける。

「私たちはその日の夜、前任の飛行隊長であった"マイク"・ブライアンがカンの南に航空団を率いて出撃したときに撃墜され火だるまになったことを知った。彼は急降下するまえに増槽を投棄せず、機体が被弾したときに火災を起こしたのだ。『命令に従わないものは死ぬことになるのだ』。航空群司令は苦々しげにいった」

　イドワル・J・"デイヴ"・デイヴィス少佐がニブレットの後任となった。デイヴィス少佐については第609飛行隊所属時、1回の飛行任務で3機撃墜の快挙を達成したときの詳細をすでに述べている。

「飛行隊はシェルブール半島においてアメリカ軍地上部隊の近接支援を行うことになった。砲拠点、道路・鉄道輸送網への攻撃は好結果を得た。"デイヴ"・デイヴィスは対空砲火を受けたらしくアメリカ軍前線に向け滑空飛行を試みた。到達不能であることがはっきりした時点で、彼は非常に低空で機外脱出を行ったがパラシュートは開かなかった。私たちの隊長であった貴重な2週間の間に、彼は自身が士気を鼓舞し有能な指揮官であることを見せてくれた」

　対空砲火をものともせず地上支援という最重要任務を遂行するあいだ、彼らは連合軍戦闘機の牽制部隊によってドイツ空軍の注意を引きつけないよう守られていた。しかし、ときにはフォッケウルフFw190やメッサーシュミットBf109がこの防御網を突き破って地上攻撃パイロットを急襲した。タイフーンはときおり反撃することもあったが、たいていは翼下のロケットランチャーレールが邪魔になってしまった。戦闘爆撃機型はこの点有利で、いったん爆弾を投下してしまえば、爆弾ラックが性能に及ぼす影響はほとんどなかったのである。

　これら2つの戦闘のあいだにボールドウィン中佐はさらに撃墜3機の戦果を加えている(第7章参照)。これで最終的な戦果は撃墜15機、協同撃墜1機、撃破4機となり他のタイフーン・パイロットの2倍以上の成果であった。ノルマンディ作戦の期間に、さらに13機のドイツ機がタイフーン・パイロットによって撃墜されているが、敵機と引き替えに失われたタイフーンは少なくとも17機にのぼる。この合計は非常に多いように思えるが、ドイツ軍の戦果のうちには対空砲あるいは原因不明とされるものもあるようだ。

訳注
※20：おそらくJN757。
※21：アメリカ軍のP－51B/Cに対応する機種でレンドリース規約によって大量にイギリスに供与された。1500馬力級のパッカード・マーリンV-1650-3（ロールスロイス・マーリン61に相当）、後にマイナーチェンジのV-1650-7を搭載。風防がファスト・バック式となっていたため、視界が制限されていた。
※22：2000馬力級のエンジン、ロールスロイス・グリフォン60系を搭載したスピットファイア。本来計画されていたグリフォン搭載用機体ではなく、それまでのつなぎとして開発・量産された従来機体の強化改良型だが、予想以上の性能から本格量産に至ったもの。前期は従来通りのファスト・バック式風防だが途中から水滴風防に切り替えられた。
※23：時期的におそらくG-6を使用したものと考えられる。
※24：当時すでに多数のA型が捕獲されており、そのうちの1機を使用したものと思われる。
※25：フランスの対ドイツ抵抗運動組織のひとつ。

chapter 5

大陸
holland

　V1発射施設のある地域が連合軍地上部隊によって掃討され、北海上空でハインケルHe111によって発射されるまでに数が減少し"飛行爆弾"の脅威が低下したことで、ニューチャーチ・テンペスト航空団はようやくヨーロッパ大陸の2TAF(第2戦術航空軍)残存部隊との統合から解放されることになった。1944年9月末にテンペスト部隊はグリムベルゲン(B.60。ベルギー)［※26］へと飛び、ここに駐留していた第122航空団のマスタング飛行隊と交替した。3日後にはオランダのフォルケル(B.80)に移動した。この基地は向こう6カ月のあいだ部隊の本拠となる。

　マンストン航空団(第80飛行隊と第274飛行隊)は、コウルティサル(イギリス)、アントワープ(アントヴェルペン。ベルギー)、フラーフェ(オランダ)に短期間留まってからフォルケルの第122航空団に合流、これで航空団は5個飛行隊編成となった。この間に第56飛行隊はすでに戦闘行動に入っており、9月29日には3機のフォッケウルフFw190撃墜と不確実撃墜1機の戦果をあげていた。これらの撃墜のなかには"デイヴ"・ネス中尉と"ジム"・ペイトン中尉があげたものもあったが、この両名は大戦中もっとも成功したテンペスト・パイロットに数えられることとなった。

　Dデイの直後、テンペスト航空団に最初の撃墜の一部を記録したアーサー・R・ムーア大尉がようやく自身3番目の撃墜を29日に果たした。こうして撃墜数は倍加したが、彼はV1迎撃作戦期間中にもっとも成功したパイロットのひとりであり、その数は24基を記録していた。不運なことに彼のこのFw190"撃墜"はのちに他のパイロットとの不確実協同撃墜に格下げされている。これがなければ、彼は最初のテンペスト・エースとなっていたはずであった。結

第122航空団のテンペストが6カ月のあいだ本拠としたのがB.80飛行場──オランダのフォルケルである。アメリカ陸軍航空軍の爆撃によってすでに激しい損害を被っていた飛行施設は、連合軍の侵攻による脅威のもとでドイツ空軍がここを放棄する際に完膚なきまでに破壊した。写真のテンペストは第3飛行隊所属の機体で、廃墟のなかに分散待機させられている。利用できる遮蔽物などほとんどないままで、各機体はキャノピーを防護するために専用にあつらえた布カバーで覆っている。後方のテンペストには機首にぴったりとフィットするエンジンカバーもかけられているが、これは寒冷な条件下でエンジン始動を行いやすくするため、可能な限りセイバー・エンジンを暖かく保っておく目的のものである。
(IWM CL 1418)

局彼は撃墜4機で戦争を終えている。

　テンペスト部隊はすぐに活動を再開した。これは10月2日のことで、ビーモント中佐が第56飛行隊を率い、新しい基地から最初の哨戒に出発したのである。レーダー管制のもとネイメーヘン地区（オランダ）上空を飛行、ビーモントは同高度を逆方向に飛行中の"敵機"に接近しているという報告を受けた。戦闘はすぐに始まった。『Tempest Over Europe』には以下のように描かれている。

「私は『タリ－ホー、左舷前方真っ直ぐに190、左に散開し追尾』と声をかけたとき、味方編隊の左で敵機は射撃を開始したようで、彼らは白煙を曳いていた。攻撃に失敗した敵機は我々の左舷を飛び去っていったが、指揮官機は鋭く横転、ほぼ垂直に近い角度で急降下に移り部下も次々とこれに従った。急降下能力における速度では我々が完全に優位を保っており、彼はテンペストの餌食であることを思い知るのだ。私はすぐさま左に横転して敵機の方向に機首を引き下ろし、そして照準器のスイッチを入れた。照準線はあらかじめスパン30フィート、距離200ヤード（180m）にセットしていた[※27]。『追尾降下、全速力！』私は叫んだ。

「前方をジグザグに飛行する一団からいちばん手近な190を選んだ。右翼のすぐ傍らには別の敵機がいたが、素早く背後に降下していった。どうやら別の機を追うのに夢中らしく私のことは気にも留めなかった。ほかのことはともかくも奴が私を狙うようなことがあれば、ナンバー2が何とかしてくれるだろうことに期待するしかなかった。

　垂直に近い急降下で、敵機と私はすでに7000フィート（2100m）の高度を下り、捕捉したところでおよそ300ヤード（270m）の距離から標的に短い砲撃を加えた。命中しいったん主翼の付け根から煙を吐いたその190は、機首を中心に垂直以上にまで回転していた。速度計は時速500マイル（800km/h）を優に超えた状態で私は難なく右に横転を決め、激しく機首を引き起こした。今では切れ切れの雲を通して、この降下角度と速度ではあまりに近すぎる眼下いっぱいの地面と木々が急速に近づいているのが見えている。そしてクリーヴェ(き)近くに190が真っ直ぐに突っ込み、眼下左手のほうに閃光が煌めき煙が噴き上がって、衝撃波の白い球となった。私のナンバー2はこれを確認してからこういった。『奴を撃っていたときには510マイル（820km/h）を超えていましたよ』」

訳注：
※26：（ ）内は基地・飛行場の連合軍暗号名。
※27：イギリスの戦闘機でもっとも一般的に使用された光像反射式射撃照準器は、ダイヤル2個の操作で照準を決める。射程距離用（ヤードで表示）ダイヤルで希望の射程を設定し、次にベース・ダイヤルを標的のウィングスパンに設定する。照準用光像は単一円でこの中心を通る水平線の中央付近にギャップがあり、このギャップいっぱいに標的の主翼が収まったら設定の射程であることを表す。したがって、ビーモントは射程200ヤード、敵機のベース（ウィングスパン）値を30フィートと見積もって照準を設定したということである。

新機種
JETS!

　10月初旬、ジョン・レイ中佐がコウルティサルから、勤務期間満了に近づいたビーモントに替わるため着任した。レイは空戦での撃墜戦果こそ記録していないものの、ボーファイター、ワールウインド、ハリケーン、タイフーンに搭乗しての戦闘作戦で豊富な経験を有していた。しかし、すぐさま彼は"最

"ボブ"・スパードル少佐とJ・フレンド大尉が第80飛行隊のテンペストの傍らを歩いている。1944年10月、フォルケルにおける撮影。スパードルは第80飛行隊を指揮している期間に撃墜記録を加算することはできなかった（第74、第91飛行隊でスピットファイアに搭乗、RNZAFの第16飛行隊ではキティホークを飛ばし多数の戦果をあげていた）。(IWM CL 1393)

カナダ人のデイヴィッド・ネス中尉は第56飛行隊でもっとも戦果を残したテンペスト・パイロットのひとりで、撃墜5機、協同撃墜1機、V1を5基撃墜している。1945年1月にはDFCを受けている。(via R V Dennis)

初の得点"として華々しい2機撃墜という戦果をあげた。ビーモントのほうは彼のテンペスト飛行隊が敵と取り組んでいるそのときに、部隊を去るのは気が進まなかった。戦場での通常哨戒手順と格好の標的を求めるドイツ領域深部への威力偵察任務は、このとき開始されたばかりであった。すでにテンペストはMe262ジェット機と遭遇していたが、交戦には至っていない。
　10月12日の威力偵察任務に第3、第80飛行隊を率いることになっていたビーモントは、単機のMe262による飛行場への爆撃があったため離陸が遅延してしまった。このようなことが定期的に行われるようになってからは、テンペストはしばしばラインのMe262基地まで"送りオオカミ"となって追跡、戦闘するには燃料が不足して着陸のため速度を落としたジェット機を捕捉する努力をするようになった。この戦法は"ネズミ捕り"として知られるようになった。ビーモントはこの日、テンペスト部隊を率いて"答礼訪問"する機会には恵まれず、そればかりかこれが最後の任務となってしまった。というのも重防御の軍用列車攻撃の際に、ビーモントのテンペストは冷却液損失と思われる原因で煙を噴きだしてしまい敵地に緊急着陸を余儀なくされ、戦時捕虜として終戦まで過ごすことになってしまったからだ。
　メッサーシュミットMe262が最初に撃墜されたのは10月13日のことで、第3飛行隊の"ボブ"・コウル少尉によるものである。最初コウルは、浅い降下角で時速480マイル（770km/h）で飛行するMe262を捕捉することはできなかったのだが燃料残量が乏しくなったためだろうか、敵機が速度を緩めたときにどうにか射程距離にまで接近することを得た。彼は距離100ヤード（91m）からの1斉射で素早く敵を始末した。Me262を捕捉することはなかなか難しいことに変わりはなかったが、それでも以降数週の間には数機の撃破が申告されていた。ジョン・レイ中佐にチャンスが訪れたのは11月3日のことである。
　「私は高度18000フィート（5500m）

オランダでは破壊された各飛行場の膨大な補修作業は、地元の労働者によって行われた。彼らは何千ものレンガを敷き詰めて誘導路を造成し、分散待機所や滑走路さえも造ってしまった。後方のテンペスト（第3飛行隊の機体コード「H」、シリアルはEJまたはJN817であるとされる）は点検中である。（IWM CL 1415）

左および下●1944年10月、ジョン・レイ中佐は"ビー"・ビーモントに替わって第122航空団の航空団飛行司令に着任し、このとき専用機とされたのがテンペストEJ750で、イニシャルが記入された。2機のMe262をこの機体で撃墜しているが、うち1機は撃破とのみ記録された。（J B Wrey）

を飛行していたが、そのとき南西寄りの方向にブルーとグレイに迷彩したMe262が2機、飛行しているのを発見した。敵は私に気づき左舷に大きな弧を描いて旋回し、東に進路を転じた。私はすでに攻撃態勢に入っており、スロットル全開で急降下していた。速度はおよそ時速500マイル（800km/h）であった。

右舷側の機体に約300ヤード（270m）にまで接近し攻撃を開始、4秒ほど射撃、尾翼に命中した。そのMe262は針路を維持したまま引き離しにかかったが、射程外に出るまえに私はもういちど攻撃した。突然、機体から大きな破片が剥ぎ飛んで、敵は機体を急横転させ背面飛行となり、そのままの姿勢で降下し雲の中へと姿を消した。私は後を追ったが、厚い雲に遮られそれ以上接触を維持することはできなかった」

レイは「不確実撃墜」を申告しているが、のちにこれは格下げされて「撃破」とされている。しかし、戦後の調査によってこのMe262は間違いなく撃墜されたことが明らかになっている。この機体は"ノヴォトニー隊"に所属するもので、ヒットフェルト［※28］近郊に墜落、パイロットのヴィリ・バンツホフ曹長は死亡した。

11月のあいだずっとドイツ空軍機は逃げおおせていたが、11月26日に"ハイフン"・テイラー-キャノン大尉はユンカースJu188双発爆撃機を第486飛行隊所属の他のパイロットと協同撃墜し、その2日後にはA・R・ムーア大尉がハインケルHe219双発夜間戦闘機と遭遇するという希有な経験をした。彼らはすぐに追いついて、まったく回避行動をとろうとしない1機を素早く撃墜した。もう1機のHe219も攻撃、命中弾を与えたが雲の中に逃げられてしまったため「不確実撃墜」と申告したものの、のちに「撃破」へ格下げ修正された。これらの夜戦はI./NJG1（第1夜間戦闘航空団第I飛行隊）所属の機であった。

12月になると、撃墜戦果は本格的に多くなり、とくにドイツ軍がアルデンヌ攻勢を発動した月半ば以降に著しくなった。この月のうちにテンペストによる空戦撃墜戦果は38機にのぼったが、その口火を切ったのは12月3日のことである。これは第80飛行隊所属のカナダ人、ジョン・"ジュディ"・ガーランド中尉によるもので、さらなるMe262の撃墜となった。

12月14日、"デイヴ"・ネス大尉（彼もまたカナダ人である）は第56飛行隊所属のテンペスト8機で飛行中、偶然にBf109の4機編隊と遭遇し、その撃墜数を増やす機会を得た。このとき彼は最初の攻撃で1機を撃墜、自身3機目の戦果をあげた。また彼の同僚はさらに2機を仕留めたが、そのうちの1機は"アーティ"・ショー少尉によるものである（かれは3日前にBf109を1機撃墜したばかりであった）。弾薬が尽き4機目のBf109と追いつ追われつ旋回していたネスは、テンペストの高い低空性能に感謝することになった。

「その109は私といっしょに旋回し、3回も完全な円を描き私の機は地上50フィート（15m）ほどのところを失速寸前であったとはいえ、優位に立つことはまるでできなかった。私は援助を請うたが靄がかかっており何も見えなかっ

1944年から45年にかけての冬期にエイントホーフェン（B.78）を占拠していたタイフーン飛行隊のひとつが第137飛行隊である。部隊の補完用機体のなかには対"ダイヴァー"戦の古参機MN134"SF◎S"があった。この機体は第137飛行隊で最高の"V1撃墜"を誇るタイフーンである。7月に先だって外観に多少の変化が加わり、主翼上面の"インヴェイジョン・ストライプ"は剥がされ、スピナーは赤で塗装、排気管のフェアリングは撤去された。最外縁のロケットランチャーレールに"SS"の文字が記入されていることに注意。これは機体"S"の右翼（Starboard Wing）に装着する備品であることを示している。消火器（セイバー・エンジン始動時に必需）が内翼機関砲にぶら下げられていることにも注目。（AWM）

エイントホーフェンのロケット弾装備タイフーン部隊のひとつが第247飛行隊で、バトル・オブ・ブリテンのエースであるバジル・ジェラード・"スタミー"・ステイブルトン（撃墜6機、協同撃墜2機、不確実撃墜8機、撃破2機）が指揮することになった。彼は長い戦闘機搭乗経験を誇っており、第603飛行隊でスピットファイア、商船護衛戦闘機隊ではカタパルト発射のハリケーン、そしてそれから自身で部隊を率いるまでは第257飛行隊でテンペストを飛ばしていた。彼が終戦を迎えたのは第II空軍捕虜収容所においてであった。1944年12月23日、ロケット弾での列車攻撃の際にタイフーンが破片で損傷、そのまま敵領域に胴体着陸し捕虜となった。（F K Wiersum）

フォルケルの地上要員は1944年から1945年にかけての冬のあいだ、最悪の環境と苦闘しなければならなかった。背景のテンペストVは第56飛行隊のEJ548「US◎G」で、通常H・"アーティ"・ショー少尉が使用していた。彼は5機撃墜のすべてをこの機体であげており、その過程で彼を最初のテンペスト・エースに押し上げた。"ジム"・ベイトン中尉（撃墜6機、不確実撃墜1機）は3番目の撃墜をこの機体で達成していた。1945年1月16日、この使用頻度の高い戦闘機は地上掃討の際に破片があたって、とうとう失われてしまった。このときに搭乗していたショー少尉は制御を取り戻したが強制着陸せざるを得ず、終戦までの月日を戦時捕虜として過ごした。
（IWM CL 1676）

た。旋回からゆっくりと抜け、高度ゼロまで右に降下、超低空でジグザグ飛行を開始した。木々を避け高圧線を越えながら、私は敵が正確な照準をつけられないよう先手を打つようにしていた。追撃の最初のころは109が私を射程内に捉えることができたため加速を続け、私の機の速度は上がり、次第に射程外に出始めていた。上昇できるようになるまで、敵の追跡は15～20マイル（24～32km）に及んだ。そのときには、敵機を後方1000ヤード（910m）かそれ以上の彼方に引き離していた」

　12月17日、テンペストによる撃墜記録のなかに新しい名前が登場した。デイヴィッド・C・フェアバンクス大尉である。彼はRCAF（カナダ空軍）に所属するアメリカ市民であった。テンペストに搭乗してからの撃墜戦果（第50飛行隊でスピットファイアMk VBに乗っていたとき、すでに撃墜1機をあげていた）は、Bf109を2機撃墜、1機撃破という派手な形で始まった（第7章を参照）。この時点から彼の名前は2TAFの「人員損耗、撃墜申告、査定、損失記録」のなかにたびたび見受けられるようになる。

　同じ日にA・R・ムーア大尉も、これまでの記録にBf109の2機撃墜（1機は協同）を加えた。これで彼の戦果は5機となったが、9月29日の「撃墜」が「不確実」に引き下げられてしまった。彼の実戦勤務期間は、5番目の撃墜を記録する機会を得るまえに終了してしまうことになった。同じ飛行任務で、"アー

コーンウォルのプレダナックでスピットファイアからテンペストへの機種転換を終えた第33飛行隊は1945年2月21日にヒルゼ－レイエンの第135航空団傘下に入った。写真のテンペストV EJ880「5R◎R」はおそらくプレダナックの転換訓練中に撮影されたものと思われる。というのは2TAF所属機から「インヴェイジョン・ストライプ」の残り部分を完全に除去したのが1945年2月早々のことであったからである。規格より大きな寸法で記入されたコードレターは第33飛行隊と、第135航空団傘下の別のテンペスト部隊、第222飛行隊で好んで使用された。
（No 33 Sqn records）

タイフーン、テンペストで豊富な経験を積んだ3人のニュージーランド人パイロット。左からハーヴィ・スウィートマン（撃墜1機、協同撃墜2機、不確実撃墜1機、不確実協同撃墜1機）、アーサー・アーネスト・"スパイク"・アンバース（撃墜4機、協同撃墜1機、不確実撃墜1機、不確実協同撃墜1機、撃破2機、協同撃破1機）、キース・グランヴィル・"ハイフン"・テイラー－キャノン（撃墜4機、協同撃墜1機、不確実撃墜1機）。第3飛行隊の指揮官として二度目の実戦勤務期間を終えたスウィートマンだけが唯一大戦を生き残り、アンバース、テイラー－キャノンはいずれも第486RNZAF飛行隊を率いていたときに命を落としている。3人が手にして眺めているものは、航空救命艇のセンターボードで、1943年7月15日の活動（第3章を参照）を記念し送られたもの。のちに部隊のスコアボードとして使用されるようになる。(RNZAF)（訳者補足：センターボードは日本語では垂下竜骨と呼び、ヨットなどの転覆防止用の板。一般に金属・木材などで作った重量のある板で、船の航行条件に応じて船底から上下動させ船体重心位置を変化させる）

第439飛行隊のヒュー・フレイザー中尉は1945年2月14日にMe262を撃墜する以前にFw190を2機落としている（うち1機は"ドーラ"）。パーソナルマーク"ニッキー"の文字を書き込んだ専用機RB281「5V◎X」でポーズを取っている。彼はこの機体で先の戦果をあげたのである。(PAC)

ティ"・ロス少尉は2機協同撃墜を記録した。1機はBf109、もう1機はI./NJGF1所属のHe219で、これにより彼の撃墜記録は4機となった。

　2TAF所属パイロットの多くはテンペストに転換する以前、タイフーンやスピットファイアで経験を積んでいたとはいえ、あらかじめエースの地位に到達していたものはほとんどいなかった。2名の傑出した例外のひとりが、一貫して第80飛行隊の指揮官であったニュージーランド人の"ボブ"・スパードル少佐である。彼は1940年から1941年にかけてのバトル・オブ・ブリテンとイギリス海峡上空の戦いでは第74、第91飛行隊に所属し、それから1943年には母国へと戻りニュージーランド空軍第16飛行隊に所属、ソロモン諸島でキティホークを飛ばしていた。このときに彼は"ハンプ""ジーク"（いずれも零式艦上戦闘機の連合軍コードネーム）を各1機撃墜し、その記録は撃墜10、協同撃墜2、不確実協同1、撃破9、協同撃破2となった。1944年7月、彼は第80飛行隊に合流したが、これはのちに同部隊の指揮官となるためであった。1カ月後に部隊は、それまでのスピットファイアMk IXからテンペストへと機種転換している。スパードルは自伝『The Blue Alena』で、部隊の新しい戦闘機についての感激を以下のように書いている。

　「テンペストが到着した。新品だ。陽光のなかで光り輝いている。これまで乗っていた優美なスピットファイアとは桁違いに大きく見える。だが飛んでみればどうだ、スピットより優に100マイル（160km/h）は速く飛べるしロケットのように上昇し、信じられない速度で急降下する。武装も申し分ない。離陸のときにちょっと振れる癖があることを除けば、欠陥などまったくない。私たちは歓喜したものだった」

　スパードルは実戦勤務期間満了を告げられるまでにテンペストで48回もの作戦飛行任務をこなし、非常に活動的で地上標的に対しては大きな戦果をあげていたにもかかわらず、撃墜数を増やすことは叶わなかった。しかし12月18日、彼はもう少しで撃墜に手が届くところだった。

　「ビーレフェルトの近くに威力偵察に出かけ、私たちは3両の蒸気機関車と貨車を手早く片づけ、それからトレーラー・トラクター部隊（輸送部隊）2個、レーダー基地と兵舎を襲撃し、仕上げに工場の屋根に穴を開けてやった。4機のFw190、新型の機首の長いやつがビーレフェルトを周回していた。私は地上に向かう1機の後ろを取って、欲求不満で頭に血を上らせながら何度も何度も機関砲発射ボタンを押した。弾切れだったのだ。怒りのあまり我を忘れ完全に逆上した私は、主翼端を相手の尾部に叩き込むつもりだった。衝突しそうになった瞬間にドイツ野郎はフラップを降ろし、その190はふわりと弓なりの軌道で上昇、私はその下を通過したのだが右翼端には敵機のプロペラに付けられた割き傷が残っていた。ドイツのパイロットは冷や汗ものだったに違いない」

12月になって、これもニュージーランド人であるエヴァン・"ロウジー"・マッキ少佐がフォルケルに到着、新年早々にスパードルから第80飛行隊の指揮を引き継ぐ前には、第3、第274飛行隊とともに飛行任務に就いていた。彼はスピットファイアでエースとなっており、撃墜数15機、協同撃墜2機、不確実撃墜2機、撃破7機、協同撃破1機という内訳であった（大部分が北アフリカ、シシリーで第243飛行隊に所属していたころにあげたものである）。

　テンペストでの最初の実りある戦闘はすぐのことだった。1944年のクリスマス・イヴのこと、まだ第274飛行隊の定員外要員として飛んでいたときのことだが、彼はタイフーン1個編隊が真下でFw190単機からの攻撃を受けているのを発見した。激しい急降下からフォッケウルフの下で機首を引き起こし即座に上昇、テンペストが追いつきさえすればよかったのである。マッキはズーム上昇の頂点で錐もみ降下に移る前に、時間にして2秒半の射撃を加えただけだがそれで充分だった。マッキがテンペストの姿勢を立て直したときには、第274飛行隊の他のパイロットが、Fw190の主翼が外れエイントホーフェン近くに錐もみ状態で墜ちていくのを目撃していた。このFw190に搭乗していたのは13./JG3（第3戦闘航空団第13中隊）の中隊長ヴォルフガング・コッセ大尉であるとされ、撃墜された第440飛行隊のタイフーン2機は彼にとって27番目、28番目の戦果であり、そして最後のものとなってしまった。

　この時期にテンペスト・パイロットの撃墜ランクに名を連ねるようになった第3のエースが、第3飛行隊に転属してきたギリシャ人を両親にもつ"大金持ちの遊び人"バシリオス・M・ヴァッシリアデス中尉である。彼は1944年8月に対空砲で撃墜されるまで、第19飛行隊でマスタングⅢに搭乗し成功に満ちた期間を堪能していた。墜落後、ヴァッシリアデスは敵の追跡を逃れフォルケルに辿り着いたが、この時点での戦果は、撃墜5機、協同撃墜2機、不確実撃墜1機であった。1945年3月、多くのタイフーン／テンペスト・パイロットに襲いかかった名もない勝利者、フラック（対空砲）によって撃墜されるまでに、彼は3機のFw190撃墜とさらに1機撃破を戦果に加えた。

　1944年のクリスマス当日、テンペストによる5番目のMe262撃墜は、迎撃に出た第486飛行隊所属機によって成された。このジェット機は異例ともいえる正面攻撃で片肺となったのだが、ジャック・スタッフォード中尉による銃撃に晒されている間、ずっと左エンジンから破片をばらまい

ヒュー・フレイザーのタイフーンRB281は1945年3月2日にエンジン故障を起こし胴体着陸した結果、新しい「5V◎X」、RB262に交換された。3月24日に今度はRB262が対空砲火を浴びて、写真の機体EK219が「X」となった。1943年3月期生産のタイフーンは、最終生産標準仕様（4翅プロペラ、スライド式水滴型キャノピー、テンペスト用の水平尾翼）に改修され、1944年9月から最終生産型が配備されるのに先行してイギリス空軍へ再配備されている。この"アップグレード"タイフーンは第439飛行隊に分配配備されるまえに第168、第438飛行隊がすでに装備していた。（A H Fraser）

2TAF所属のテンペストで、妻やガールフレンドの名前を各自記入したのも以外にパーソナルマークを描く例は非常に希であった。しかし第80飛行隊のテンペストEJ705「W2◎X」は通常、同部隊のオーストラリア人パイロットが使用しており、写真のようにカンガルーがオーストラリア国旗を持った図柄のマークを描いていた。このテンペストに4人パイロットが搭乗し、3機のBf109と1機のFw190を撃墜している。「インヴェイジョン・ストライプ」を塗り潰したため下面の塗装が真新しいミディアムシーグレイであることに注意。（IWM FLM 3115）

フォルケルのテンペスト空中・地上要員には、泥に続いて雪との闘いが待っていた。1945年1月初旬からは、2TAF所属機すべてから「インヴェイジョン・ストライプ」と胴体後部の「スカイ・バンド」を消している。同時にスピナーは黒に塗装され、国籍標識はすべて"C1"タイプ（赤／白／青の3色に細い黄色の縁が付く）に変更された。この変更の目的は、"帝国防衛識別帯"を尾部に巻いたドイツ空軍戦闘機との識別を容易にするためで、国籍標識の変更は他の連合軍航空機に対してイギリス空軍所属機であることを強調するための措置である。(W J Hibbert)

1945年3月21日、エヴァン・"ロウジー"・マッキ少佐は第80飛行隊の編隊16機を率いてイギリス空軍撮影部隊への便宜をはかって飛行任務を行った。この時期、マッキが常用した機体はNV700「W2○A」であった。(IWM FLM 3117)

ていた。損傷にもかかわらずあざやかな高速旋回を見せるMe262を複数のテンペストが追跡したが、機体が不安定になったところでドイツ・パイロットは乗機を捨てざるを得なくなった。スタッフォードは自身最初となるこの戦果を他のパイロットと分け合うことになった。

12月27日、第486飛行隊「B」小隊長のテイラー－キャノン大尉は8機のテンペストを率いて威力偵察任務に就いていたが、このとき"ケンウェイ"[※29]によってミュンスターを目指していた。このニュージーランド人はドイツ戦闘機の2個編隊（それぞれ15機からなる）を発見、機種はFw190とBf109であると識別された。テイラー－キャノンは1個分隊を率いて下方に位置する編隊の攻撃に向かい、残る分隊には上方の編隊を攻撃するよう命じた。実際には付近に60機のドイツ戦闘機がおり、いずれもⅢ./JG54（第54航空団第Ⅲ飛行隊）所属のFw190D-9であった。これらのドイツ機は、再装備ののち前線に戻る途中で、パイロットの大部分が初めての戦闘任務に就いたばかりであった。

豊富な経験が有利に働いてテンペスト・パイロットたちはフォッケウルフ4機を撃墜することができ、さらにもう1機が不確実撃墜と申告された。実際はこの戦闘でⅢ./JG54の"ドーラ9"が5機失われ、いっぽう第486飛行隊の損失はテンペスト1機とその乗員であった。

2日後、第56飛行隊の"ジム"・ペイトンが優勢なドイツ部隊に対する戦闘に巻き込まれた。列車攻撃のあと、8機のテンペスト部隊は自分たちがフォッケウルフとメッサーシュミットの編隊から急降下攻撃を受けようとしていることに気づいた。これらのドイツ戦闘機は、彼らが遭遇した"50機以上"からなる編隊の一部であった。大混戦の末に戦闘が終了したが、テンペスト2機を損失、その見返りは撃墜1機、不確実撃墜1機、撃破4機というものだった。撃破のうち3機はのちに再評価を加えられ撃墜と認定されたが、このうち2機はペイトン中尉の戦果であり、この"格上げ"によって彼は一気に第56飛行隊の撃墜最高位に躍り出ることとなった。

同じ日（12月29日）に、地上目標攻撃中に上方から奇襲を受けたタイフーンが空戦を行った。戦闘に巻き込まれた部隊は第168、第439飛行隊であったが、両飛行隊とも第143RCAF航空団[※30]に所属、以前は戦闘機部隊として作戦に従事していたが、その後、戦闘爆撃機部隊としての任務に就いていた。これはタイフーンがロケットランチャーレールによって空戦性能が減じられることなく戦闘可能であることを意味した。戦果は互角で、タイフーンの損失は3機、ドイツ機撃墜数は3であっ

た。カナダ人パイロットのひとり、第439飛行隊の"ボブ"・H・ローレンス中尉はこのうちの2機撃墜を果たした（Bf109とFw190を各1機）。

訳注
※28：オランダ、ベルギー、ドイツ国境の交わる地域の都市アーヘン（ドイツ）のすぐ南にある町。
※29：戦術航空軍（機動）とともに大陸に入ったGCC（航空群司令センター）通信部隊の移動無線車両のコードネームと思われる。
※30：カナダ軍の飛行隊を主体に編成された航空団。所属飛行隊は第168、第438、第439、第440の4個。このうち第168を除く3個がカナダ空軍飛行隊である。このため原文では「No.143 Wing RCAF」と表記されているが、当時の戦闘組成上は第168飛行隊を含むためRCAF航空団とみなされていない。1944年12月時点でのRCAF航空団は、第126、第127、第39の3個航空団でいずれもスピットファイア装備であった。

新年
Bodenplatte

　新年初日、ドイツ空軍は使用しうるあらゆる戦闘機——その数800を超える——を動員し、オランダ、ベルギーにある連合軍飛行場に対して野心的な襲撃作戦「ボーデンプラッテ」を発動した。この作戦はまちまちな結果をもたらすことになり、奇襲によって防衛側を捉え標的で満ちた多数の飛行場を発見したが、攻撃の組織力と実行力が貧弱なまま決行されたことによって優位に立てる状況を失することもあった。[※31]

　連合軍側は200機以上の航空機を破壊されてそれ以上が損傷を受けたのだが、パイロットの損失はほとんどなく、2TAFでは死亡が12名、戦時捕虜となった者が1名であった。しかし重大なのは、ドイツ空軍が死亡または捕虜となることで200名を上回るパイロットの損失を出したことであり、300余りの戦闘機を失ったことである。連合軍の損失は攻撃がもう少し早く行われたならば、より大きいものになっていたはずである。というのもドイツ戦闘機部隊が飛行場に到着した時間によっては、連合軍機はすでに早朝の哨戒に出撃した後だったからである。この事態は地上標的の数が減ったというだけではなく、帰還する連合軍機が戦闘に介入しうることを意味していたのである。エースとなりうる何機かのテンペストもこの戦闘に加わっていた。

　パーダーボルン～ビーレフェルト地域では、第486飛行隊が威力偵察任務に就いていたが、そのとき"ケンウェイ"がエイントホーフェン攻撃の報を伝えた。燃料タンクを投棄し、"スパイク"・アンバース少佐は部下のテンペスト8機を率いて連合軍地域に向け全速で引き返した。このあと続く戦闘で第486飛行隊は1機また1機と6機が脱落していったが、アンバースは2機（Fw190、Bf109各1機）を撃墜した。"ジミー"・シェダン少尉も自身初の戦果としてFw190 1

1945年3月中旬、フォルケルで撮影された地上走行中の第486飛行隊所属テンペスト。主翼上面の国籍標識が改修塗装され、正確な比率の"C1"となっていることがわかる。地上ではコクピットからの視界が良くないため、地上走行中は誘導路の状態を補助確認する必要があり翼端に乗った要員がこれを行う。"新米"に与えられた任務のひとつ。この時期、コードレター「SA◎X」を記入していたのはEJ888であった。（RNZAF）
（訳者捕捉：イギリス機の戦時塗装では主翼上面国籍標識は赤／青2色の"B"タイプがそれまでの標準。前頁のキャプションも参照のこと）

第486飛行隊所属のテンペストを捉えた別アングルの写真。1945年3月の撮影。背景にはフォルケルで働くイギリス空軍人員の生活する仮設小屋が並んでいる。（RNZAF）

機撃墜を記録した。

そのあいだ第56飛行隊はミュンスターから戻っているところで、無線交信を通じて第486飛行隊の戦闘について聞いていた。全速で基地に向かった"デイヴ"・ネス中尉はついに2機のテンペストに追われる単独のBf109を発見した。基地に帰還するため速度を落としたとき、ネスは"アーティ"・ショー少尉の助けを借りてヘルモント近郊で敵戦闘機1機を撃墜した。この戦果はショーの5番目の撃墜となり、彼はこれで最初のテンペスト・エースとなった。

テンペスト・エースを輩出するには、第33飛行隊が大陸での作戦に参加したのはあまりに遅かったが、それでも彼らは成果をあげた。到着のわずか4日後、飛行隊長のマシュー少佐は南アフリカ人のL・C・ルクホフ大尉とともに3機のBf109を撃墜した。このうち2機を落としたのが写真のルクホフだが、ここにあるように、飛行任務の帰途に対空砲を受け被弾している。乗機はEJ880「5R◎R」。(IWM CL 2318)

内訳は2機を単独、3機が協同撃墜である。32歳という年齢はテンペスト・パイロットとしては高齢の部類だが、彼はちょうど3週間でこの偉業を成し遂げたのである。

フォルケル基地はドイツ空軍の襲撃をほとんど受けることがなかったため、"スパッド"・スパードル少佐は第80飛行隊のテンペスト9機を空に上げることができた。"ジュディ"・ガーランド中尉はすぐさま遙か下方にいる戦闘機を発見し、調査のため急降下に移ったが、この機は機首の長いFw190であることがはっきりした。彼はまた少し前方に2機目を見つけだした。ガーランドは敵機に追いつき、順次撃墜した[※32]。4日前にFw190を1機撃墜したばかりのガーランドはこの戦闘で3番目と4番目の戦果をあげたことになり、これを評価された結果DFC(殊勲飛行十字章)を受け第3飛行隊の小隊長に昇進する。だが残念なことに、彼は記録を更新する機会を得ないまま1945年2月8日に対空砲で撃墜された[※33]。

あちこちで戦闘が行われたこの日、2TAFの戦果にはタイフーンがあげたものも含まれていた。第439飛行隊の"ボブ"・ローレンス中尉は気象偵察から

1945年3月時点の第274飛行隊パイロットたち。部隊章のボードを手にしているのが指揮官のウォルター・"ジェシー"・ヒバート少佐である。彼はテンペストに乗っているあいだに4機の空戦戦果をあげ、第124、第126飛行隊でスピットファイアに搭乗していたときの記録とあわせると撃墜4機、協同撃墜2機、撃破2機となる。テンペストでの空戦で4機撃墜を果たした同部隊もうひとりのパイロットがピエール・クロステルマン大尉で、この写真では左から3人目の立っている人物。(W J Hibbert)

戻る途上だったが、このとき彼は4機のタイフーンを率いてFw190の集団に攻撃を加えた。彼は2機の戦闘機を撃墜したが、彼に認められたのは撃墜1機と不確実1機のみであった。両方の撃墜が認められていたならば、彼はDデイからVEデイ（ヨーロッパ戦勝日。1945年5月8日）までのあいだにタイフーンの空戦でもっとも成果のあるパイロットとなっていたはずである。しかし実情は、その地位をジョニー・ボールドウィンと当日のナンバー2であったヒュー・フレイザー中尉と分かち合わねばならなかった。フレイザーは同じ戦闘で2機のFw190（うち1機はD型"ドーラ"）を撃墜していた。彼は2月に3番目の撃墜を果たすことになる。

1945年4月、2000馬力を上回るセイバー・エンジンの咆哮とともに、第274飛行隊のテンペスト2機がクライス（B.91）のゾマーフェルト線から離陸しようとしている。機体のラジエーター・フラップが開いており、2TAFの標準仕様となっている45英ガロン（205リッター）の投棄式増槽を両翼に装備している。
（RAF Museum C E Brown 6049-1）

　2TAFの損失を埋める代替機はイギリス本国から搬送され、部隊の作戦稼働率はすぐにドイツ軍襲撃前に復していた。1月4日、デイヴ・ネスは5機目となる撃墜を果たした。またもすべては列車攻撃に続いて始まった。ネスとJ・H・ライアン大尉は別のタイフーン4機が列車を攻撃しているあいだ、上空援護を行うため高度6000フィート（1800m）に留まっていたが、そのとき1マイル（1.6km）彼方を周回する2機のBf109を発見した。テンペストは浅い降下角で攻撃を開始、ライアンが自分の選んだ標的の後ろに近づいたとき、もう1機のBf109は上昇しネスはこれを追った。このときの戦闘報告によってわかるのは、ネスが相手にした敵は当時ドイツ空軍が投入せざるを得なかった多くの経験不足なパイロットのひとりであったということである。

　「短い格闘戦のあと、私が100ヤード（91m）の距離から射撃するためほぼ真うしろに位置を占めたちょうどそのときに、敵機は離脱、緩横転を行いキャノピーを投棄した。私は彼を追って2000（610m）フィート降下しそれから再度上昇、このときにパイロットがコクピットから体を半分乗り出していることに気づいた。私は右舷10度の角度、距離150から50ヤード（137～45m）に接近しながら短い射撃を加え、左翼に命中するのを確認した。パイロットは完全に機外へ脱出、機体は開けた原野に墜落、爆発した。パイロットはリップコードを引くのが遅れ、高度1000フィート（300m）でパラシュートが開いた」

　テンペスト搭乗時に5機撃墜を果たした3人目のパイロットで、5機すべてを単独撃墜した初のテンペスト・パイロットとなったのがデイヴィッド・"フーブ"・フェアバンクス大尉である。彼は1月14日、もう一度2機撃墜を成し遂げて5機の記録に到達した。この日、最初の犠牲となったのはBf109で、フェアバンクスが率いる編隊の1機に攻撃を仕掛けたものだった[※34]。横転を打って敵の後方にまわり、フェアバンクスは1秒の射撃で簡単に始末をつけてしまった。5分後、単機のFw190がレーデに向かう鉄道路線に沿って飛行しているのを発見した。彼の戦闘記録では低高度でFw190に攻撃をかけた場合にテンペスト・パイロットが直面した問題のひとつを明らかにしている。

有名な『Le Grand Cirque (The Big Show：邦題『撃墜王』）』の著者として知られるピエール・クロステルマン大尉は1945年3月に第274飛行隊に転属したが、これ以前には第341、第602飛行隊でスピットファイアに乗り多数の戦闘を経験していた。彼は巨大なホーカー戦闘機で早速の戦果をあげるが、これは"機関砲試射"に出たときにBf109を1機撃墜するというものだった。（R V Dennis）

　「私は敵機にあっという間に追いついて、800から600ヤード（730～550m）あたりに来たとき敵は急に左へ旋回した。私はこれに追随することができず、100ヤード（91m）ほどやり過ごしてしまった。スロットルを引き戻して、私はそのまま旋回を維持した。周回円を半分ほど進んだところで、どうにか相手の

内側が取れるだろうと思えたそのときに敵は旋回をやめて直進、ほんのわずかに左へ旋回しながら上昇を始めた。私はうまい具合に接近でき、距離200ヤード（180m）、外へ20度の角度で1秒の射撃を放った。

　最初は着弾を目視できず、偏向を減らして長い射撃を行った。主翼と胴体、コクピットへの多数の着弾を観測した。敵機からなにか大きな破片が脱落して飛んだとき、私は後方75ヤード（69m）の距離にいた。破片を回避するため機首を上げたとたん失速、敵機は視界から消えた。機体の制御を取り戻したとき、敵機は高度1500フィート（450m）から真っ直ぐに墜ちていくところだった。敵機は墜落、爆発した」

"ジェシー"・ヒバート少佐が1945年3月に第274飛行隊を指揮していた時期に常用していた機体がNV722「JJ◎M」である。少なくとも二度の飛行任務でピエール・クロステルマンもこのテンペストを使用している。（RAF Museum/Charles E Brown）

　1月23日、第122航空団は終戦まで続くことになる一方的な空戦の一日となった。航空団全5個飛行隊で戦果があり、査定と改訂（のちに証拠が明確となった場合）ののち、最終的には23機の敵機撃墜となっている。この戦果には第486飛行隊長"スパイク"・アンバースがあげたものもあった。Bf109の撃墜によって彼は次のテンペスト・エースの地位に到達し、またタイフーン、テンペストでそれぞれ5機撃墜を果たしたわずか2名のうちのひとりとなったのである。不幸なことに彼はこの地位をそう長くは堪能できず、ちょうど3週間後にイギリス海峡ではしけを攻撃していたときに対空砲火で撃墜されてしまった。"ジム"・ペイトンは4機目の戦果としてFw190を撃墜し、"ロウジー"・マッキもテンペストで2機目（通算では19機目）の撃墜を果たした。相手はBf109、場所はヘゼーペ飛行場近郊のことである。"ヴァッス"・ヴァッシリアデスはFw190 2機撃墜、3機目を撃破という戦果を加算した。戦闘は完全に一方的なもので、テンペストの損失は1機もなかった。

　2月14日にヒュー・フレイザー中尉は3番目の撃墜を果たした（先に記述している）が、タイフーンであっても適正な条件であればジェット機に対して優位に立つことを見せつけた。第439飛行隊のタイフーン4機が列車攻撃のあとに編隊を組み直していたときに、ライル・シェイヴァー大尉とフレイザーの両名が2機のMe262（I./KG(J)51所属の戦闘爆撃機型）を発見した。フレイザーは後に『Me262 Combat Diary』で戦闘を以下のように回想している。

テンペストNV994「JF◎E」を駆るピエール・クロステルマン大尉。戦争終結直前の週にオースター観測機から空撮したもので、チャールズ・E・ブラウンの撮影。（RAF Museum/Charles E Brown）
（訳者捕捉：チャールズ・E・ブラウンは航空写真の草分け的存在で、第一次大戦終結直後から40年間にわたってイギリス軍機を主体に厖大な空撮写真を残している。出版物でよく見る"クリア"な写りの公式記録写真類はたいていこの人の手によるもので、とくに第二次大戦イギリス軍用機のカラー写真はブラウンの独壇場であった。主な写真集に『Camera above the Clouds』シリーズがある）

「編隊の3番機、4番機を探していたとき、私たち2人は2機のMe262が覆っていた雲を突き破って、私たちが目指していた方角と同じ方位（西）に上昇していくのを発見した。ライルは無線で敵機についての情報、2時方向直下であることを告げ、攻撃を命じた。私たちは反転し60度かそれ以上の角度で急降下した。降下途中で敵は私たちに気づき、左に急転降下し彼らの下方1500フィート（450m）あたりにある雲を目指した。敵とは400ヤード（360m）の距離で、ライル

は右舷約200フィート（60m）の位置で私と並んで飛んでいた。Me262もまた200フィートほどの間隔を空け、右の機が200フィート後方に位置していた。私たちは時速500マイル（800km/h）超えをやっており、私の機はひどく振動していた。

「左側の機に射撃を加えたが、当たらなかった。ライルはもう1機のほうを攻撃しなければならなかったが、そいつはその時、私のわずか100ヤード（91m）前方、右に200フィートという位置にあり、私たちは敵機に急速に接近していた。私はもう一度発砲したが、この瞬間にライルの追っていた敵機が爆発、差し渡し200フィートの黒い雲となった。のちにライルがいっていたのだが、爆煙の中を通り過ぎたときにラジエーターが破片を拾ってしまったという。次は私の番だ。残った敵機へ100ヤードの距離から攻撃、左エンジンと胴体に着弾を確認した。最後の一撃は50ヤード（45m）から見舞ったが、左エンジンが脱落し私の機の直下を飛んでいった。そして主翼の一部。これはエンジンナセルの部分から外側が折り畳まれるようになり、そして千切れたもので、私の機体ぎりぎりのところをすごい速さで飛び過ぎていった。Me262との衝突を回避するため機首を引き上げた。しばらく上昇を続けそのまま雲の中に入ったが、私は数秒後には雲底を突き抜けており、45度で降下していた。機体を立て直して高度1500フィートまで旋回上昇を行ったが、敵が地面に激突し、爆弾を携行していようがそんなことは関係なく爆発炎上するのが見えた」

かつてはタイフーン・パイロットであった"ハイフン"・テイラー-キャノンは第486飛行隊を指揮するために昇進、2月24日には前任者に続いて5機撃墜を成し遂げた。アハマー飛行場近くでBf109を1機撃墜して最終的な記録は撃墜4機、協同撃墜1機、不確実撃墜1機となった。

この時期に定員外の飛行隊指揮官として第56飛行隊とともに飛んでいたのがローデシア人のペリー・R・セント・クウィンティンである。彼はエジプトで第33飛行隊に所属し、多数の撃墜戦果をあげていた。その正確な記録は不明で、彼自身の日誌とこの時期の第33飛行隊記録は失われてしまっているが、『Aces High』によればエジプトにいた時期に彼は少なくとも撃墜7機を記録している。テンペストに搭乗していた時期にはさらに2機を加えることができた。

偶然にも、セント・クウィンティンが以前いた第33飛行隊はスピットファイアMk IXからテンペストに機種転換した2個飛行隊[※35]のうちのひとつで、以前に2TAFと再合同していた。もうひとつの新規テンペスト部隊は第222飛行隊で、両部隊ともヒルゼ-レイエンの第135航空団傘下に入った。この時期、他のテンペスト航空団では"ジョン"・レイの実戦勤務期間が終了したことで司令官の移動があった。後任はピーター・ブルッカーであったが、彼はノルマンディ作戦期間中の第123航空団司令であった。

3月4日、またひとりのエース──おそらく、あらゆるテンペスト擁護派のなかでもっとも有名な人物──が、トップ争いにエントリーした。自由フランス軍のパイロット、ピエール・クロステルマンはすでに第341、第602両飛行隊で延長した実戦勤務期間を満了していたが、この時点で撃墜7機、不確実撃墜2機、撃破7機を記録していた[※36]。アストン・ダウンでの"身の毛もよだつ"ようなタイフーンへの転換訓練を終えて（彼の情感溢れる好著『Le Grand Cirque』[※37]、英語版タイトル『The Big Shaw』に記述がある）フォルケルに到着、定員外小隊長として第274飛行隊に加わった。

テンペストによる撃墜が始まったのは、クロステルマンがフォルケルに到着してわずか2日後のことで、このとき彼は乗機であるEJ893「JJ◎W」の"機関砲試験"に出発した。"機関砲試験"というのはよく使われた程のいい言い訳で、実際は自由裁量の戦闘飛行任務である。彼はタイフーンの分隊が明らかに攻撃の意図をもった4機のBf109によって接近追随されているところに出くわした。ぐずぐずしている余裕はない。このフランス人はメッサーシュミットめがけて急降下し、敵編隊が散開するときに1機を捉えた。3連射を浴びせて、他のBf109が仲間を助けに来たときには機体を強引に雲の中へと退避させた。しかし、少しのあいだ計器飛行で周回したのち、地上で炎上しているはずの敵機を見つけるため雲から飛び出したのである。
　次にテンペスト・エース競争に加わったパイロットは第56飛行隊の"ジム"・ペイトンであった。彼は3月7日にFw190を2回の短い斉射で屠ったが、このフォッケウルフはライネ地区で地上のテンペストを複数破壊するという戦果をあげたばかりだった。

訳注
※31：「ボーデンプラッテ」作戦によって攻撃を受けた2TAF関連基地・飛行場は以下の通り。（ ）内は連合軍暗号名。なお*を附した地名はオランダ、無印はベルギー；デュールネ（B.70）、エイントホーフェン*（B.78）、エヴェール（B.56）、ヒルゼ－レイエン*（B.77）、ヘース*（B.88）、マルデヘン（B.65）、メルスブルーク（B.58）、オプホーフェン（Y.32）、シント・デネイス・ウェストレム（B.61）、ユールセル（B.67）、フォルケル*（B.80）
※32：『Typhoon and Tempest The Canadian Story』によれば自機に近い1機を撃墜、先行する敵機は低空を攻撃回避しながら樹木に激突、爆発したとされる。なおガーランドの記録では敵機は「機首を下げ、地面に激突」し「跳ね上がった機体が木々に激突し主翼がちぎれた」という。
※33：パラシュートで脱出後ドイツ軍に捕まり戦時捕虜となった。
※34：この日フェアバンクスは部下を率いてドイツのパーダーボルンへ威力偵察任務のため出撃した。
※35：第33、第222両飛行隊が機種転換したのは1944年12月。
※36：クロステルマンは両飛行隊でスピットファイアMkⅨに搭乗していた。
※37：邦題『撃墜王』（横塚光雄訳・1952年・日本出版協同、矢嶋由哉訳・1982年・朝日ソノラマ）。

戦争が残り4週間という期間に関していうなら、テンペストによる撃墜数最高位は第486飛行隊の"スモーキー"・シュレーダーで、撃墜9機、協同撃墜1機の戦果をあげた。ちょうどこの時期に彼は大尉から中佐にまで昇進しており、ヨーロッパでの大戦が終結する最後の数日を第616飛行隊――第二次大戦で連合軍唯一実戦を経験したジェット戦闘機部隊――の指揮をとった。(via P Sortehaug)

chapter **6**

終戦
final battles

　地上では長い期間の膠着状態を脱し、連合軍は1945年3月24日に大規模なライン河渡河作戦を発動した。続く6週間は、これまで以上に死に物狂いとなったドイツ空軍が戦闘に突入する頻度が増大していった。もっとも激しくなったのは4月のことで、空戦撃墜戦果についていうなら、テンペスト飛行隊ではこの1ヵ月で敵機撃墜62機という記録を残し、5月に入っての3日間でさらに22機を落としている。交戦が止んだのは5月4日のことであった。
　この期間にネス、ペイトン、クロステルマン、マッキはそれぞれに撃墜数を増やしていたが、最高位にあったのは新たな人物である。ウォレン・"スモーキ

ー"・シュレーダー大尉はマルタ、シシリーにおいて第1435飛行隊に所属、スピットファイアを飛ばしていたときにBf109Gを2機撃墜、3機目を協同撃墜していた。そして、実戦勤務期間1期を飛行教官として過ごしてから、このニュージーランド人は第486飛行隊に加わってちょうど12日間で5機撃墜を成し遂げた。交戦が終息した時点で、テンペストによる戦果は撃墜9機、協同撃墜1機となっており（2位は単独でフェアバンクス）、第486飛行隊の指揮をとるようになり、さらにその後、ミーティア戦闘機を配備した最初のジェット戦闘機部隊、第616飛行隊を擁する航空団の指揮官に昇進することとなる。

シュレーダーの破竹の勢いが始まったのは4月10日からで、この日、彼はタイフーンの編隊に攻撃を仕掛けようとしていたFw190を急襲したのである。3日後、アンバースが失われたことで第486飛行隊の指揮をとるようになっていたテイラー－キャノン少佐が対空砲の犠牲となった。"MET"（機械化敵性輸送部隊）攻撃のときに"88"（8.8cm砲）の直撃を受けたもので、彼は低空での機外脱出を強行した。戦後の広範囲にわたる調査にもかかわらず、評判のよかった"ハイフン"発見の手掛かりとなる痕跡はまったく見つかっていない。

シュレーダーが新指揮官として正式に認められる1週間前のことになるが、その時点で彼はさらに3機の撃墜を記録していた。4月15日にFw190を2機、もう1機はその翌日に落としている。4月15日の戦闘はテンペスト9機とFw190が9機の交戦となり、ニュージーランド人たちは敵機の8機を撃墜し1機に損傷を与えている。引き替えに犠牲となったのは1機であった（パイロットは機外脱出し無事連合軍支配地域に辿り着いている[※38]）。4月21日に指揮官としての任命を受けたまさにその当日、シュレーダーはテンペストで5番目の撃墜を果たした。5機撃墜までに要したのはちょうど12日間であったが、次に戦果を加えるようになるまでには8日という日時が必要となった。この遅滞は1日で撃墜3機、協同撃墜1機という驚異的な戦果で埋め合わされた。戦闘報告はエースを生み出すのは精確な射撃であると強調しているが、な

上●この時期にシュレーダーが使用した機体がNV969「SA◎A」で、彼はこれでFw190を4機撃墜、Bf109を3機撃墜し1機を協同撃墜している。（via P Sortehaug）

ウォレン・E・シュレーダーが航空団司令に昇進したとき、彼の後任として第486飛行隊長に就任したのがコーニーリアス・J・シェダンであった。シェダンは戦果の最後の3機はこのテンペスト（SN129「SA◎M」）に搭乗してあげた。（C J Sheddan）

"ジミー"・シェダンがSN219のコクピットに収まっている。彼はこの写真が撮影された直後に第486飛行隊の指揮をとることになる。（C J Sheddan）

により印象的なことは、当時テンペストに装備されていたのは従来型の標準的な光像反射式照準器であり、一部のスピットファイアに導入されていた新型のジャイロ式射撃照準器ではなかったという点である。

「機動飛行のあと、私は距離300ヤード（270m）、（敵機に対して）右30度の角度で1連射の攻撃。敵機の左側面エンジン部とコクピット下方に着弾を確認した。そのFw190はゆっくりと急螺旋降下に入り墜落、地上で爆発するのを見届けた。

この戦闘の少しあとに、爆弾を1発抱えたMe109が12時方向を我々に向かって飛んでくるのを目撃した。敵機は左舷に旋回、300ヤードで私は右60度で1斉射を放った。左翼の付け根に着弾を確認、続いて鮮やかな閃光が見えた。敵機は横転し上下逆さまになったまま真っ直ぐに地上へと墜ちていった」

10分後には別のBf109を発見し攻撃、最初は彼のナンバー2が、それからシュレーダーがこれに続いた。この敵はどちらかといえば容易な相手であり、2機のテンペストは死角となる真後ろやや下方から近づいていった。敵機は白煙を引きながら横転し、そのまま墜落し爆発した。この直後、ハンブルクの方向を目指して飛ぶ2機のBf109を視認する。

「我々は彼らをハンブルク空港地区まで追跡した。私は長機を攻撃、ナンバー2にはもう1機を攻撃するように指示した。短い格闘戦のあと、私は角度20度で300ヤードから2秒の射撃でエンジン左側面に着弾を確認した。その109はすぐに火災を起こし、炎に包まれたまま急降下して地面に落ちたが、そこはハンブルク空港施設の南東にある鉄道支線の上だった」

最初の戦闘のあと隊長との接触を断ってしまった第486飛行隊だったが、彼らもまたすぐ戦闘を行い味方損失を出さずに、敵機撃墜6機、不確実1機、撃破2機という戦果をあげた。

1945年4月に躍り出たもうひとりのパイロットが"ジミー"・シェダンである。彼も第486飛行隊所属のニュージーランド人で1943年5月にタイフーンで実戦任務への復帰を開始していた。それから作戦に従事しての飛行は継続していたが途中負傷で短い"休暇"が二度あった。以前にシュレーダーが率いていた小隊を指揮するために昇進、5月2日には第486飛行隊の指揮をとるためにまたも彼は前任飛行隊長（シュレーダー）のあとを引き継ぐことになった。

シェダンの撃墜記録は一気に上積みされた。まず4月6日にユンカースJu87を2機、14日にはフォッケウルフFw190を1機、次いで2日後にはFw190をもう1機協同撃墜、最後に"四発の飛行艇"（機種未確認）を協同撃墜している（5月2日）。Ju87の撃墜というのは、大戦のこの段階でテンペストが相手にするには珍しい機種であるが、これらはNSG（夜間地上攻撃航空団）部隊のいずれかに所属したものと思われる。

4月12日、このとき第486飛行隊A小隊長であった"ジャック"・スタッフォードが、シェダンのテンペスト

ピーター・ブルッカー中佐がMIA（戦闘中行方不明）と認定されたことで、欠員となった第122航空団飛行司令はエヴァン・マッキが引き継ぐことになった。彼専用のテンペストとしてマーキングされたSN228の前で写真に収まるマッキ。1945年5月2日まで彼は航空団飛行司令には就任しなかったのだが、就任時に専用機として選んだのが新品で送られてきたSN228であった。（E D Mackie）

SN228のクローズアップ。コクピットにはビュッケブルクの地上要員が座っている。撃墜マークは間違いなくほとんどが戦後に書き加えられたものである。カギ十字に混じってイタリア軍のマークがひとつあることに注意。（R Abrahams via H Smallwood）

（SN129「SA◎M」）を借用して5番目の撃墜を果たした。これでスタッフォードはシェダンより2日早くエースの地位に到達した。同じ日に、第56飛行隊の"デイヴ"・ネス中尉はFw190を1機撃墜、これが彼にとって最後の戦果となった。その6日前には"ジム"・ペイトン中尉もFw190 1機を落としているが、これでネスは撃墜5機、協同撃墜1機、ペイトンは撃墜6機となり、いずれも部隊の最高位となった。

　概していうならばテンペスト飛行隊での損失は相対的に低いとされており、対空砲が圧倒的に大きな損失の原因であったわけだが、ほとんど残っていないドイツ戦闘機との交戦で撃墜された機体もいくらかは存在した。このケースで何より大きな痛手となったのはピーター・ブルッカー中佐を失ったことである。1945年4月16日、ブルッカーはベルリンの北西に第80飛行隊の1分隊を率い、ノイルッピン近郊で列車を攻撃した。ブルッカーの機は被弾、火災を起こしたようで、風防を開けようと苦闘しているところを、彼と彼のナンバー2 [※39] は複数のFw190による奇襲を受け撃墜されてまった。

　2人が墜落した地域は戦後にソ連側領域となり、終戦の3週間前に非業の死を遂げたバトル・オブ・ブリテン、中東、ノルマンディを戦い抜いたベテランの死亡確認とその場所の特定は叶わないこととなってしまった。彼の幾多の名も知れぬ仲間たちと同様に、ブルッカーはラニミード・メモリアルにその名を残している。

　2週間の遅延ののち、ブルッカーの後任としてエヴァン・マッキが着任した。彼は4月のあいだに二度、撃墜数を増やしていた。9日、第80飛行隊はファスベルクで周回する多数の航空機を捕捉した。マッキの協同撃墜は"Bf108"を2機ということになっているが、このときの彼のガンカメラの映像から抜いたスチルをみれば、実際は協同撃墜した機体がアラドAr96練習機であったことがわかる。これらはマッキがテンペストに搭乗していたときの4機目、5機目の撃墜戦果となった。彼にとって最後となる空戦戦果は6日後に訪れた。Fw190をターナー軍曹と分け合っている（ターナーはこの翌日、ブルッカーとともに消息不明となる）。

　第80飛行隊はウォームウェルのAPC（武装訓練キャンプ）に赴くためイギリス本国に戻り4月の後半を棒に振ったあと、マッキは第122航空団の航空団飛行司令としてドイツに舞い戻ったが、ただ地上での敵機破壊を彼の記録に加えるだけのことだった。彼の最終的な成績は、実戦任務でテンペストに乗っていたことのあるあらゆるパイロットの最高位であり、撃墜20機、協同撃

上●斜め後方からテンペストSN228の全体を捉えた写真。垂直安定板の上部にスコアボードのように部隊章が描かれていることがはっきりとわかるが、これは戦後に書き加えられたものらしい。
（Chris Shores）

タイフーン・エースの"ピンキー"・スタークは終戦の2カ月前に古巣の部隊、第609飛行隊の指揮をとるために休暇で戻った。スタークが搭乗したSW411「PR◎J」には飛行隊長のペナントと（そのすぐ右には）3年前に初めてタイフーンに記入されたものと同じ第609飛行隊の部隊章――白バラに狩猟用ホルンを配した図柄――が描かれた。（L W F Stark）

墜3機、不確実撃墜2機、撃破8機、協同撃破1機、地上破壊3機、地上協同破壊1機、地上撃破1機という結果である。

　この後半の記述はしばしばピエール・クロステルマンにまつわる撃墜記録の合計数という点から、議論の余地がおおいにあることだろう。締め括りとして、3月5日に彼が第274飛行隊であげたテンペストでの最初の撃墜について記述しておくが、この月（3月）の半ばにクロステルマンは第56飛行隊の小隊長に昇進していた。彼はこの部隊で3月28日にフィーゼラーFi156 1機を地上破壊、続いて4月2日にFw190 1機を空中で撃墜し2機のJu188を地上で破壊した。さらに5日にはFw190D 2機に対し空中で損傷を与えている。その3日後にクロステルマンはA小隊長として第3飛行隊に転属し、同部隊にいるあいだに一度だけの空戦で戦果をあげた。4月20日のことでFw190を2機撃墜している（II./JG26所属の"ドーラ"2機であるとされる）。

　5月3日の早朝哨戒飛行で、彼はFw190を1機破壊、2機に損傷を与えたがこれはいずれもオルデンブルクの東にあった仮設滑走路での地上戦果であった。この日遅くグローセンブローデの地上・水上機基地を攻撃、ここで彼はドルニエDo24を1機撃墜、ほかに航空機6機に損傷を与えているが、これらもすべて地上・海上にあった機体に対するものであった。評価ののち、実際にはDo24を2機とJu352を1機破壊、ブローム・ウント・フォスBv138 2機とアラドAr232 2機に損傷を与えていた。最後は5月4日、シュレスヴィヒ水上機基地で2機のDo18を湖上で破壊した。

　以上を合計すると、空中戦果は撃墜4機、撃破2機、地上（または水上）での戦果が破壊6機、損傷6機となり、このフランス人の最終的な記録は（スピットファイア搭乗時のものも含める）撃墜11機、不確実撃墜2機、撃破9機（以上が空中）、破壊6機、損傷6機（以上が地上または水上）となった。

　この合計数と、クロステルマンの戦後のテンペスト（NV724「JF◎E」）に記入された撃墜マークを比較したときに議論が起きることになる。機体には23個の黒／白縁のバルケンクロイツとさらに白縁のみの十字が9個記入されているのである。加えるなら、クロステルマンは撃墜19機、協同撃墜14機、不確実撃墜5機、撃破7機、さらに地上での破壊が4機、不確実3機、損傷13機という1945年11月作成、空軍少将ハリー・ブロードハーストの署名が入った戦果一覧を所持している。

　しかし、本書においてクロステルマンの記録を算定するための原資料は、他のパイロットの記述に関する場合と同じもの、つまり「飛行隊作戦記録簿（書式540、541）」と「戦闘報告」、そしてもっとも重要な「2TAF 人員損耗、撃墜申告、査定、損失記録」（初期の撃墜記録については戦闘機軍団の同様の文書）で明らかにしなければならない。「戦闘機軍団」の文書はあらゆる戦闘申告が記録されており、査定の結果とその後の修正、および異議の生じた申告事例における最終的な決裁がどのようになったかまでが含まれる。これらの原資料は『Aces High』（イギリス空軍のエースに関してもっとも詳細で包括的な調査を行った書籍）の著者によっても、作業の調査結果を確認するための重要な参照文献として使用されている。

訳注
※38：墜落したのは敵機の攻撃によるものではなく、テンペストのエンジン故障が原因と記録されている。搭乗パイロットはA・R・エヴァンス中尉。
※39：第80飛行隊所属のW・F・ターナー軍曹。ノイルッピン近くに墜落。ベルギーのホットン戦争墓地に埋葬された。ブルッカーはヴィッテンベルゲ近郊に墜落したとされる。

ジェイムズ・ジョーゼフ・ペイトン大尉は第56飛行隊で勤務していたあいだを通じて着実に撃墜数を積み重ね（撃墜6機）、同部隊のタイフーン・エースの地位をデイヴィッド・エドワード・ネス中尉（撃墜5機、協同撃墜1機）と分けあった。ペイトンは1945年4月24日、小火器で撃墜されたが生存、戦時捕虜となった。（J J Payton）

エース
top scorers

　タイフーンとテンペストそれぞれの2人のエース、"ジョニー"・ボールドウィンとデイヴィッド・フェアバンクスはおもしろい対比を見せている。イングランド人のボールドウィンは、2年ちょっとで少尉から大佐へと彗星のごとく昇進を果たした人物である。飛行訓練が完了したときに、わずか350時間の飛行経験で彼はそのまま実戦飛行隊に入った。二度の実戦勤務期間中に敵機16機撃墜の戦果を積み重ねていった。

　いっぽうフェアバンクスはアメリカ市民でありRCAF（カナダ空軍）に入隊したが、ボールドウィンとほぼ同時期に少佐の地位に辿り着いた。彼は実戦部隊に配属されるまで長期間にわたり飛行教官として過ごした。彼が記録した撃墜12機という数字は、1機を除いて2カ月半に満たない期間に集中してあげられたものであった。両名とも彼らの記録に加えられたかも知れない付加的な撃墜戦果ももっていた。

ジョン・ロバート・ボールドウィン大佐　DSO、DFC
Grp Capt J R Baldwin DSO, DFC

　第一次世界大戦終結の4カ月前にバースで生を受けたボールドウィンは、第二次大戦勃発と同時にRAFVR（イギリス空軍志願予備部隊）に入隊、バトル・オブ・フランスの時期には地上員として勤務し、ロンドン大空襲のあいだは不発弾処理にあたっていた。彼は航空要員訓練の道を選択し、アーノルド計画（イギリス空軍パイロットをアメリカ陸軍航空隊飛行学校で"空軍記章"取得レベルまで訓練するというもの）を利用する第1期訓練生のひとりとなった。

　イギリスに戻ったボールドウィンは引き続き第59OTU（実戦訓練部隊）で高等訓練、実戦訓練を受けたのち1942年11月18日にマンストンの第609飛行隊に配属された。訓練部隊から最前線で作戦するタイフーン飛行隊に直接配属されたのが正当であることを、そしてその判断の正当性を非難されても仕方がないような決定を誰が下したにせよ、彼の潜在能力をもって証明して見せねばならなかった。

　ボールドウィンがタイフーンで初飛行を実施したのは11月22日のことであったが、翌月の半ばまでにこの機種で飛行した延べ時間は10時間にも満たなかった。12月15日の午後、彼はイギリス海峡にあるグッドウィン砂州での"空中射撃演習"のためにマンストンを離陸した。砂堆で射撃を行っているときに、無線受信器で第609飛行隊のレッド分隊が侵入機迎撃に向かったことを傍受した。グッドウィンで周回飛行しながら、彼はすぐにFw190単機がベルギー沿岸に向け降下しているのを発見した。

　スロットルを全開にしたにもかかわらず1000ヤード（910m）先を行くフォッケウルフに接近することはできなかった。しかしボールドウィンの放った長距

離射撃がもとでドイツ・パイロットがジグザグ飛行に移ったため、彼はわずかながら距離を詰めることができた。短い射撃を加えると、ついに火花とともに命中弾が見え、エンジンから煙が流れた。今度は300ヤード（270m）以内にまで接近することができ撃墜の態勢は整ったのだが、彼は弾丸が尽きてしまったことに気づいた。そればかりでなく、不愉快なことに彼のすぐ後ろにBf109が1機姿を現したのである。急速旋回して基地に向かうことができたが、ドイツ空軍の戦闘機もそのままフランス海岸目指して飛び続けていた。"空中射撃演習"は実戦に変わり、新米実戦パイロットは"Fw190 1機撃破"申請で撃墜記録の幕を開けたのである。

　続く5週間はノース・フォアランドとダンジネスのあいだの実りない"対ルーバーブ"哨戒で手一杯となった。しかし1943年1月20日、"スクランブル"の命令を受けて、ボールドウィンはマンストンで出撃準備を完了していた。ドイツ空軍はロンドンに対する戦闘爆撃機による作戦を発動していた。第一波のFw190 34機（これが緊急発進の原因となった）は1機のみの損失で離脱に成功した。第二波はFw190とBf109G戦闘爆撃機の混成であったが、こちらは第一波ほど運が良くはなかった。同僚のクルトゥール中尉とともにボールドウィンはマンストンの東に上昇するよう指示を受け、ついに高度20000フィート（6100m）で8機のBf109（6./JG26所属）を発見した。この高度ではタイフーンの本領を発揮することはできないが、ボールドウィンはためらうことなく即座に攻撃を開始した。戦闘報告には以下のように記されている。

J・R・ボールドウィンが少尉時代に搭乗したR7713「PR○Z」。1942年11月から1943年2月にかけて彼がもっとも頻繁に使用した機体であった。(J B Baldwin)

「敵編隊は散開、私はこちらに接近する敵機に向けて発砲したが、その機体に描かれた黒十字が見えた。敵機のうち3機が混戦から離脱するのが見え、それから3機はドーヴァーを目指すためまず南に向かった。私はその左端の機に接近、100ヤード（91m）か、それ以下かもしれない距離から一斉射を放つと濃い黒煙を吐いたので急旋回して次に移り100ヤード以内の距離で真後ろから攻撃した。この機は完全に分解し破片が空中に四散して爆発が起こったが、このとき私は最初の機がわずかに降下旋回に入ろうとしていたので右翼に向け離れながらの一撃を加えた。その機は海に向かって錐もみしながら墜ちていった。

「このとき3機目は私の後ろを取っていたが、スロットルを閉じてフル・ラダーで機を横滑りさせて上昇旋回に入ったことで敵機は私を追い越し、私は半横転のまま射撃、降下した。すぐに敵機を捉え直し約100ヤードで再度攻撃、下面に着弾するの

を確認したが、敵を追い越す前に長
い斉射を送り込むことができた。敵
機から離れたが再び横に並びその
まま降下を続ける相手を見たが、重
なり合った雲の浮かんだドーヴァー
に向け旋回しており、敵機はその中
に入った。私は敵を見失い雲の上
にも下にも発見できなかったが、す
ぐに高度8000フィート(2400m)あた
りにパラシュートが見えた。私はこ
の周囲を旋回しながら管制に情報
を送り、Dボタン(救難要請ボタン)
を長めに押した。ドイツ・パイロット
が水面に叩き付けられ何分か漂っ
ているのを見ていたが、彼が沈んだ
ようなので基地に帰還した。着陸してわかったが、片方のタイヤと主燃料
タンクが敵弾で破裂していた」

ボールドウィンが1943年8月28日に撃墜したFw190を捉えたガンカメラ映像。このとき彼はタイフーンJP583「PR◎A」でパリの南西に「レンジャー」任務のため出撃した。(J B Baldwin)

　10日後、ボールドウィンは彼の犠牲となった2人への面接を手伝ったが、敵パイロットのひとりは自分の救命筏で2日間を過ごしていた。彼らはボールドウィンのような"ひよっこ"に敗れ去ったことに驚きの色を隠さず、また自分たちは"ヴァルティー・ヴァンガード"か"マスタング"に攻撃を受けたものと信じていたのである。しかし彼の上官が受けた印象はさらに強烈なもので、ボールドウィンの果敢にして有能な行動に対し初のDFC(殊勲飛行十字章)が授与されることとなった。

　日常的な哨戒は、散発的な「ルーバーブ」を挟みながら3月25日まで続いたが、この日ボールドウィンは何か獲物になるようなものを探し求めていた。緊急発進してきた5./JG26(第26戦闘航空団第5中隊)所属のFw190 2機の奇襲を受け、ラムズゲイト沖で撃墜され、高度1000フィート(300m)で炎上し錐もみに入った機体からの脱出に成功した。両腕に火傷を負い救命筏を使うことができなかったが、幸運にも彼はちょうど35分後に航空洋上救難艇で拾い上げられた。

　彼が病院から任務に復帰したのは3週間後で、病気の3週間が去ってわかったことは、"侵入機"はもはや"日課"となっていたことである。そして8月、彼は再びドイツ空軍との戦闘に遭遇する機会を得ることはできなかった。敵機を見ることはめったにないイギリス海峡沿岸で、いまや小隊長になっていたボールドウィンは指揮官の"パット"・ソーントン-ブラウン少佐と、断固として敵を探し出そうとしていた。まだ一般的には使用されていなかった長距離燃料タンク2組を悪戦苦闘の末に確保し、その月の28日、彼らはパリの南に長距離「ルーバーブ」に出撃、そこで両パイロットはそれぞれにFw190 1機を屠った。この戦果でボールドウィンは"魔法の5機撃墜"を達成[※40]、さらに当時タイフーンに搭乗していたパイロットのなかで単独撃墜のみでこの地位に到達した最初の人物となったのである。「レンジャー」として知られるこのような作戦の実行性が確立されたことにより、第609飛行隊は向こう数ヵ月にわたって技量を向上させ"その道"をリードした。

一分の隙もないエースであり、飛行隊指揮官であったボールドウィンが「TP◎Z」のコクピットに収まっている。記入された撃墜マークは13 1/2機分描かれているが、この時期の公式な記録では12 1/2機となっている。この齟齬と考えられる機体のプロフィールについては本文を参照のこと。(via D Sweeting)

　哨戒と「ルーバーブ」が続くいっぽうで、今度は護衛任務も数を増すように

なり、ときどきは爆撃機型タイフーン[※41]を護衛し、あるいはブリストル・ボーファイターや中爆撃機による対艦攻撃に随伴した[※42]。10月4日の「レンジャー」任務でボールドウィンは次の戦果を記録に加えることになった。彼のナンバー2であるベルギー人のアンリオン軍曹とともに、2機のBf109Gを発見するまではさまざまな地上目標を攻撃していた。2機のタイフーンは敵機に対し背後から攻撃を行うため急旋回し、ボールドウィンは2機両方に射撃を加えた。どちらにも着弾し煙を噴きだし、2つ目の標的はエンジンが停止した。アンリオンもまた2番目のBf109に命中させており、両パイロットはその後、めいめいがそれぞれ1機のBf109を撃墜したことになった。

　ベルギー人の"撃墜"は、ボールドウィンの小隊長としての役回りから気前の良い素振りをしてみせたということらしい。というのも彼は日誌にこう記述している「ナンバー2に1機進呈」。これが、1944年3月時点でボールドウィンのタイフーンに公式には撃墜12 1/2機であるにもかかわらず、なぜ13 1/2機の撃墜マークが記入されているのかということの説明にもなるはずである。最後に続いている「1/2」というのはこの月、すなわち10月の16日にボールドウィンがパリ近郊のブレティニへ「レンジャー」任務で出撃したときに、"パット"・ソーントン-ブラウンとユンカースJu88撃墜を分け合ったものである。

　1943年11月の終わりに、第198飛行隊（第609飛行隊とはマンストンでのタイフーン姉妹部隊にあたる）の指揮官が"休暇"に入らねばならなくなり、ジョニー・ボールドウィンはその後任に選ばれた。"新米"タイフーン・パイロットが1年のうちにタイフーン部隊の指揮をとるようになったのである。新たな部隊における彼の最初の作戦（にもかかわらず前任の指揮官が率いていたのだが）では、ボールドウィンはエンジン・トラブルのため引き返すことを余儀なくされた。彼にとって不満だったのは、このとき部隊はオランダ上空で5機撃墜をあげたことである（第3章を参照）。

　その翌日、彼はオランダにあるドイツ空軍基地への「フォートレス支援掃討」任務で前回逃がしてしまった戦闘の埋め合わせをした。このときはマルスカンプを周回していた3機のFw190に奇襲をかけ、1機をボールドウィンが撃墜した。3日後にはまた「レンジャー」任務で、今度はエイントホーフェンに向かった。ここで血祭りに上げられたのはKG2（第2爆撃航空団）所属のドルニエDo217多数（第3章を参照）で、ボールドウィンは1機撃墜を果たし、これで記録は撃墜8機、協同撃墜1機となった。12月中にさらに三度の掃討任務を行ったがドイツ空軍との接触には失敗し、月の残りの日々は主に旧式化したハリケーンIV部隊の最後となる飛行任務の際に護衛を務めていた。この後、ハリケーン部隊はタイフーンに機種転換された。

　新年を迎えて作戦活動の頻度は再び高くなっていった。攻撃の幕開けは1944年1月1日、目標は武装商船ミュンスターラント（6408トン）である。これはブーローニュ港にあり対空砲で重防御されていた。ボールドウィンはまず最初の攻撃に加わり、艦砲を沈黙させ、続いてさらに8機のタイフーン――うち2機はロケット弾装備――が攻撃し船体中央での爆発を引き起こした。第198飛行隊のタイフーン5機に、岸と周囲の対空砲艦からの猛烈な対空砲火が命中したが、全機がマンストンに帰還、しかしうち2機が不時着することになった。翌日はまた実り多い「レンジャー」が行われ、ボールドウィンは着陸しようとしていた1機のFw190に忍び寄り撃墜、いっぽう他のパイロットたちは、難しい標的であることがわかっているビュッカーBü131練習機の編隊を相手

に「格闘戦」を挑み、自分たちの技量を思い知った。というのも撃墜はわずか1機で1機に損傷を与えただけであったからだ。

二度の「レンジャー」が悪天候によって中止されたあと、次の成果がもたらされたのは1月13日であった。ボールドウィンは6機のタイフーンを先導しパリの北と北西にあるドイツ空軍基地近辺を掃討した。パイロットのうち4名がエースもしくはエースになる人物で、すなわちボールドウィン、ブライアン（"休暇"中なのに"客"として顔を出した）、ニブレット、イーグルである。彼らによって敵機4機が空中で撃墜されたが、その内訳は2機がコードロン・ゴエラン輸送機、2機はBf109である。ボールドウィンは輸送機の1機を協同撃墜したが、これは12日前に彼がFw190に対したのと同様な戦法で忍び寄って攻撃したものである。

同じ日に行われた別の作戦でも4機撃墜（Ju88が3機、Ar96を1機）という戦果が第198飛行隊にもたらされ、ボールドウィンの積極果敢な統率力がまたしてももっとも効果的な形で証明された。そしてさらに日常的な任務が続く。ボーファイター、モスキート、ハリケーン部隊の護衛という任務は1月中ずっと続いたが、30日にはマンストンの2個部隊、第198、第609両飛行隊が、援護任務に出発した。これはパリ地域にあるドイツ空軍基地へのアメリカ陸軍航空隊マローダー爆撃機200機による空襲に先行してのものであった。

ついにドイツ空軍は何週間にもわたって脅威を与えてきたタイフーンに返礼をするつもりだったようで、編隊はFw190による迎撃を受けた。最初は6機が横一線に並び木の高さから、続く第2波は"12機以上"であった。タイフーン編隊は旋回して脅威に向かい、互いに正対して集束したとき双方から射撃が開始された。瞬時に1機のFw190が墜ちて行き、それから編隊は急旋回でもつれ合い、低高度の格闘戦。ボールドウィンは急旋回で敵の背後を取ったが、ブルー1（ドール大尉）の後ろに着いているFw190を落とすために機首を転じた。

2機目のFw190を撃墜したあと、彼は3機以上の戦闘機から逃れるために雲を目指して上昇した。上昇途中にボールドウィンは戦闘を鳥瞰することができたが、敵機は着々と増強されつつあった。その数が40機を超えたところでボールドウィンは命令を下した。「雲に入れ、撤収だ」。

この判断によって、驚くべきことだがタイフーン・パイロットに損失を出さずに済み、唯一撤退中にブルー2が軽対空砲を受けて損傷しただけであった。基地に帰還し、その戦果は増加、第198飛行隊には撃墜9機、未確認撃墜1機、撃破2機が分配された。また第609飛行隊は撃墜3機が認められている。彼らが闘ったのはJG2で、少なくとも6機のFw190を失っている。

2月、ボールドウィンは新規に開設されたミルフィールドの戦闘機指揮官学校の最上級課程に出席、3月に彼の実戦勤務期間が終了するまで短期間だが第198飛行隊に戻ってきた。彼はすでに第198飛行隊での働きに対してDFCにバー（線章）を加えていたが、今度はDSO（殊勲章）を授与され、2TAF

戦前はアントワープの民間航空であったデュールネ（B.70）で倒壊したターミナル・ビルを背景に地上要員が整備しているのはPD521「JBⅡ」、ボールドウィン中佐が使用したタイフーンの1機である。第146航空団に着任した直後、彼は2機のホーカー戦闘機を専用機として調達、1機は「JBⅠ」、もう1機には「JBⅡ」の文字を記入、片方は爆弾搭載仕様、もういっぽうをロケット弾装備仕様とした。写真のPD251は3代目の「JBⅡ」であるが、整備員の腕で「Ⅱ」の部分が隠れている。
(RAF Museum/Charles E Brown 299-33A)

ボールドウィンは第123航空団を預かる大佐として実戦に戻ったとき、彼はまた2機の専用タイフーン（爆弾装備とロケット弾装備）をもった。両機ともにまったく同じように「BJ」の文字が記入され、シリアルはSW496、SW470であった。コクピットにボールドウィン大佐が座っているこの写真の機体はSW470である。ボールドウィンと地上員とのあいだには彼の撃墜マークが見え、撃墜数16を数える。そのすぐ横には階級ペナントが描かれている。（J R Baldwin）

「JB」の文字を記入した機体は両方ともボールドウィン大佐の乗機で、1945年4月または5月、おそらくブラントルンネ（B.103）における撮影。両方の機体とも主脚ドアの内側、主車輪のすぐ上には、彼の着用したメイ・ウエスト（救命胴衣）に記したものに似た「BJ」のモノグラムが記入されている。

第2航空群の戦術少佐として"休暇"期間を過ごした。

Dデイ侵攻がちょうど10日前のことになった日、ベイカー中佐が死亡したことでボールドウィンは実戦に戻ることとなった。彼は第146航空団の航空団飛行司令に任命された。6月19日に着任、彼は翌日には戦闘に出撃、鉄道のトンネルを封止するための爆撃任務に就く第257飛行隊を指揮した。これは以降4カ月のあいだにボールドウィンが飛行した少なくとも110回の作戦飛行任務の最初であった。ここで"少なくとも"と付いているのは、ボールドウィンの日誌の記録を合計した数字だからである。第146航空団公刊戦史によれば「Dデイ以降170作戦飛行任務」とあり、飛行隊作戦記録文書のあるものでは「150＋」と述べている。これはより長く実戦に留まろうと苦闘し、飛行任務の回数を過少報告しようとした典型といえるだろう。

この期間に敵機撃墜2機が彼の記録に加えられた。1機は6月29日のことで、ボールドウィンは第193飛行隊のタイフーン9機とともにコーンシュでBf109の編隊に躍り込んだ。2機目は2週間後の7月13日で、彼は第197飛行隊のパイロット3名を率いて飛び"15機以上"のBf109Gに遭遇した。

この両方の戦闘でボールドウィンは、「レンジャー」に従事しているあいだに磨きをかけた戦術を適用している。それは急旋回、精確な照準器射撃、雲の有効な掩蔽使用と、そのときの弾薬残量や優位性が脅かされてはいないかどうかで退き際を見切るというものである。始めのほうの戦闘ではタイフーン・パイロットたちは撃墜5機、撃破5機で味方損失なし、撃墜のうち2機はボールドウィンによるものであった。二度目の戦闘では4機のタイフーンが数で圧倒的に勝るJG5（第5戦闘航空団）のBf109と相対したが、1機撃墜する替わりにタイフーン1機を失いもう1機が重大な損傷を受けた（損失したタイフーンはメッサーシュミットと衝突、パイロットは脱出したが捕虜となった[※43]）。この戦闘がボールドウィン最後の撃墜機会となった。彼は空中で敵（Bf109G）を捉え撃墜、最終戦果は撃墜15機、協同撃墜1機、撃破4機であった。

1944年11月、彼は再び"休暇"に入り、今度は第84航空群司令室で航空団立案司令として勤務したが、1945年2月には前線に戻り大佐に昇進、DSOにバーを加え、第123航

空団司令に着任した。この航空団の傘下には4個タイフーン飛行隊が所属していたが、幸運なのは彼の古巣である第198、第609両飛行隊が含まれていたことである。

大佐としてのボールドウィンは作戦飛行任務に"出ない"ことが望まれたが、終戦までに少なくとも16回は出撃している。終戦後、この年の残る日々、彼はヴンストルフに駐留する航空団とともに過ごし、戦後もイギリス空軍に残留することを決心、それから彼は1946年にボスコム・ダウンの戦闘機試験飛行隊に指揮官として移動した。続いて1948年にはエジプト空軍に配属され、それからイラクでテンペストを配備した第249飛行隊の指揮をとった(このときは少佐としてであった。多くの戦友がそうであったように彼もまた戦時の任官・昇進による階級は引き下げられていた)。1952年早々に彼はもう一度中佐に返り咲いて、アメリカ空軍の第51戦闘機迎撃航空団第16戦闘機迎撃飛行隊に(出向)配属され、朝鮮戦争でF-86セイバーを飛ばした。

1952年3月15日、セイバーで8回の出撃を経験した彼は、サリウォン[※44]地区への気象偵察に出たまま消息を絶った。ボールドウィンのセイバーは山がちな国土で雲を突き抜けようと試みたのを最後に二度と姿を見せなかったということであるが、僚機が偶発事故で彼を撃墜したという根拠のない噂もあったようだ。朝鮮の戦時捕虜収容所で目撃したという報告がもとで、彼が生存しているという希望もないではない。しかし、当時の広範な調査と、最新のアメリカ、ロシアの情報源を含む調査によっても有益な情報は得られなかった。もっとも成功したタイフーン戦闘機パイロット、そしてエリート・タイフーン航空団の若々しい指揮官は今もなお"MIA：戦闘中行方不明"のままなのである。

訳注
※40：ボールドウィンは3月3日にFw190を1機撃墜、1機に損傷を与えている。
※41：タイフーンの爆撃機型はとくに"ボムフーン"という愛称で呼ばれた（公式な名称ではない）。
※42：沿岸軍団（コースタル・コマンド）のボーファイターによる対艦攻撃護衛任務をとくに「ラグーン」という作戦名で呼んでいる（第3章を参照）。
※43：『Fighter Command Losses』によればこのタイフーンはMN209で、パイロットはK・A・J・トロット中尉。衝突によるものではなくBf109に撃墜され不時着、捕虜になったという記述がある。またBf109はJG1（第1戦闘航空団）所属となっている。
※44：沙里院。北朝鮮、ピョンヤン（平壌）の南60kmほどの地域。

■ デイヴィッド・チャールズ・フェアバンクス少佐　DFC
Sqn Ldr D C Fairbanks DFC

コーネル大学教授の息子、デイヴィッド・チャールズ・フェアバンクスはボールドウィンより4歳ほど若い。彼は若いころから飛行機に慣れ親しんでおり、ハイスクール最終学年のとき、ヨーロッパ航空戦の成り行きを熱心に見守っていた。卒業と同時に彼は家を飛び出し、RCAFに加わるためカナダへ向かった。この最初の冒険は資金不足で失敗に終わったが、1941年2月に再度挑戦した彼はハミルトンで入隊することに成功した。

飛行訓練を終了したフェアバンクスは第13SFTS(実務飛行訓練学校)に教官として配属された。空戦に参加したいという彼の野心は阻まれたが、彼はこの任務を1年のあいだ耐え抜いた。ようやくイギリスへ転属する道が開け、高等訓練と実戦訓練を終えたのち、彼はホーキンジの第501飛行隊に加わりスピットファイアVに搭乗した。Dデイの2日後、フェアバンクスが最初の戦果をあげたのはこの部隊でのことである。彼はル・アーヴルの近くでBf109を

1機撃墜し、もう1機に損傷を与えた。

　第501飛行隊がテンペストで再装備することを見込んで、フェアバンクスを含む多数のパイロットが第274飛行隊に転属させられた。これは新進の"エース"にとっては幸運なことで、第501飛行隊は対"ダイヴァー"飛行隊として特化しイギリス国内に留まってしまうことになる。いっぽう第274飛行隊[※45]もテンペストに機種転換することになり、それから大陸に進出して第122航空団の傘下に入った。しかし移動が実行されるまではこの部隊も対"ダイヴァー"任務に従事、フェアバンクスも飛行爆弾2基撃墜を記録した。

　第274飛行隊がフォルケルに到着してから最初の1週間は、敵機と遭遇することはほとんどなかった。しかし、多数の地上目標を発見しこれを攻撃していた。これらの飛行任務のひとつ、1944年11月19日の出撃でフェアバンクスは左翼前縁に命中弾を受け、燃料タンクが火災を起こした。主翼の裂け目から走り出た炎は尾部表面の塗料と方向舵の羽布をなめていった。このような損傷にもかかわらず、彼はフォルケルに帰り着き無事に着陸、この功績は彼をDFCに近づけることになる。

　彼の待ち望んでいた機会がようやく訪れたのは12月17日のことであった。「私はブルー1としてライネの掃討作戦に向かった。私たちは高度2000フィート（610m）で270度旋回し（私はわずかに隊長の前を飛んでいたので速度を落とすために機体をちょっと蛇行させた）、ブルクシュタインフルトの近くにきたとき約1000フィート（300m）下に東を目指している航空機1機を発見した。その機は編隊の下を通過、私はすぐに半横転し追跡を始めた。私が急降下から引き起こしをかけたときに敵機をMe109と確認、接近を開始した。敵機は直進上昇し、私が約500ヤード（460m）後方に近づいたとき失速して尾翼を下に機体が直立した。敵機のパイロットは機外に脱出し、機体は半横転してから機首を下にし、そのまま真っ直ぐに墜ちていった。パイロットのほうはまばらに生えた木々の向こうに着地した」

　Bf109 3機からなる編隊の2番機を撃墜したあと、フェアバンクスはさらに2機と遭遇した。

「1機は別のテンペストが追っていたので、私はもう1機のほうに旋回した。この敵機は直進し、高度はちょうど雲底の高さ（4000フィート）を維持していた。私は急いで距離を縮め、下方から距離150ヤード（137m）のところで攻撃をしたが作動したのは左の機関砲だけだった。ちょっと撃っただけだが敵機の右翼に命中を確認、彼は右にほんのわずか旋回しただけで、それを維持していた。私はもう一度敵機に躍りかかり弾が尽きるまで撃ち続けた。私は敵機に追い付き、右手に着け、ほんの数秒彼の主翼の下に入った。そのときパイロットは反対側を見ていたが何の手掛かりも見つからなかったらしい。ついに私の方を見たので彼の上に出て指でサインを送ってから基地に帰還した」

　撃破と判定されたBf109（フェアバンクスがパイロットにサインを送ったほう）はそのあと連合軍の対空砲火を受けパイロットは脱出、フェアバンクスは戦果を対空砲手と分け合った。しかしこれについて、2TAFの記録には何も言及されてはいなかった。

　第3飛行隊に転属し――この部隊も第122航空団所属だが――12月が過ぎ去って新年を迎え、1月中はフェアバンクスの快進撃が続いた。まず4日にFw190 1機を撃墜、さらにもう1機を14日に墜としている。さらに同日、

Bf109も1機撃墜し、23日にはJu52を協同撃墜した。

1945年2月9日、フェアバンクスはA・H・ベアード少佐の後任として第274飛行隊に復帰したが、ベアードは彼が着任する前日に行方不明になっていた(ベアードはJG27のBf109によって撃墜され死亡した)。"フーブ"・フェアバンクス、"ラインの恐怖"が私たちのもとに帰ってきた」飛行隊の記録係は興奮した。フェアバンクスは今やもてる才能のすべてを行使することができ、以降3週間のあいだにさらに6機を撃墜、そしておそらく7機目も落としているようである。

指揮官として最初の撃墜は着任して2日後のことであった。アハマーの近くに部隊を率いた彼は、列車攻撃のために分隊とともに降下し、それから再度編隊に合流しようとしたときに、彼は高速で移動する敵機を発見、これを追跡した。あとで彼はこの機体がMe262であることを確認した。ジェット機はしばらく雲堤の上を飛んでいたが、それから降下し視界から消えた。フェアバンクスは小さな雲の裂け目を見つけ、次のチャンスを手にした。高度2000フィート(610m)あたりで雲が消えており、そこで彼は1500ヤード(1370m)前方、左にまた姿を現した敵機を見つけ出した。

「彼は緩やかに左旋回を開始、私たちを見つけ上昇を開始、右に進路をとった。私は1500ヤード後方、1000フィート(300m)下にあった。私たちは直進し続けていたが私が低空の小さな千切れ雲を通り抜けるたびに敵を見失った。そんなことを15〜20マイル(24〜32km)も続けたが、彼が私たちを見失ったと考えているのは明らかだった。

「小さな雲の断片を抜けたとき真正面、約800ヤード(730m)先に敵機を発見、ライン飛行場上空1500フィート(450m)の地点だった。敵機は前脚を降ろしたところで、右に旋回を始めた。私は飛行場に注意しながら燃料タンクを投棄、250〜300ヤード(230〜270m)ほどに距離を詰めて右エンジンやや上に狙いをつけ、照準を確かめるために0.5秒の射撃を行った。胴体にわずかな煙が点々と立ち、それから激しく炎が噴きだした。敵機はそのまま真っ直ぐに墜ちて行きライン飛行場の真ん中で爆発した。私の直後を飛行していたナンバー3が、敵機の墜落とそれが滑走路のうちの1本で爆発したのを見届けた」

ドイツ空軍の記録によれば、この"Me262"は実際のところMe262同様になかなか捕捉することのできなかったアラドAr234Bジェット偵察爆撃機で、1.(F)/123(第123長距離偵察航空団第1中隊)が運用していた

第274飛行隊の新しいテンペストの1機。非常に機能的な外観である。飛行隊初期のテンペスト任務でフェアバンクス大尉が二度使ったEJ640「JJ◎G」であるとされる。(CAF)

V1の爆発に巻き込まれたときを思い起こさせるような損傷だが、このフェアバンクスの乗機テンペストEJ627「JJ◎F」は対空砲によってこのような被害を被った。1944年11月19日のことである。目に見えて明らかな尾部の損傷だけでなく、対空砲弾が当たった主翼前縁の弾痕では金属外皮が捩れており、翼内燃料タンクが火災を起こしている。弾倉部の外板も欠落していることに注意。これによってフェアバンクスが機体を制御する際の問題が増したことは間違いのないことだろう。この一件が初のDFC叙勲に大きな役割を果たすこととなった。(via A E Gunn)

機体であり、連合軍空軍部隊が空中で初めて撃墜した"ブリッツ"でもあった。その3日後にフェアバンクスはもう1機Me262に対する戦果をあげたがこれは撃破のみで、さらに2機のジェット戦闘機が姿を現したが、弾薬の不足とプラントルンネ飛行場からのすさまじい対空砲火のため攻撃を切り上げなければならなかった。ドイツ空軍の戦闘機、とくにジェット機がもっとも無防備になる基地への帰還時を狙って連合軍パイロットが優位を得ようと試みるとき、いつもドイツ軍基地区域にある対空砲の脅威がつきまとっていたのである。2月16日にまたも対空砲火がフェアバンクスを阻んだ。このとき彼は一度に3機撃墜する機会を取り逃がしたのである。4機のBf109を視認した彼は燃料タンクの投棄を命じ、敵編隊の3機を追って急降下したが、敵の長機は上にそのまま留まっていた。

第501飛行隊はフェアバンクスが初撃墜をあげた部隊で、スピットファイアが配備されていた。前列左端に座っているのがフェアバンクス。(via A E Gunn)

「彼らを追って降下、1分半か2分ほどかけて最後尾の機を捉えようとした。敵編隊は高度約500フィート(150m)、私はまだそれより1000フィート(300m)上にいて、たまたまナンバー3(彼はまだ射撃していなかった)を追い越しつつあった。私が狙っていた敵機は状況を打開する糸口が掴めないでいるようで、僚機が時折急旋回してはこちらに発砲、時に真正面からのこともあった。私は絶好の位置を保ったまま、残りのレッド分隊機に降りてくるよう呼びかけた。ついに最後尾の機は加速を中止、私はそれに襲いかかり、200ヤード(180m)の距離、右に20度の角度で射撃を行い弾はラジエーターと胴体に命中した。残った2機が私の後ろに付こうとしたため転進した。さっきの機をもう一度探していると強制着陸をしようとしていたので、地上50フィート(15m)のところで真後ろから素早く一撃を加えた。最後に見たときには、敵機は胴体から地面に墜ち分解した。

「ほかの2機はまた周回飛行に入っており、私は後方の機に向け急降下してスロットルを戻し、約200ヤードから150ヤード(137m)に接近しながら攻撃、ラジエーターへの着弾を確認、曳光弾の何発かは胴体に吸い込まれ、敵機は煙を吐き始めた。敵機を追い越して旋回、方向を転じたそのときに敵機がヒルデスハイムにある飛行場の近くに真っ直ぐ墜ちて行き爆発するのが見えた。

フェアバンクスが第3飛行隊時代に搭乗したテンペストの1機がEJ777であるが、彼はのちにこの機体を「US◎F」として第56飛行隊でも飛ばしている。写真は1945年2月、フォルケルでの撮影で、第56飛行隊になってからのEJ777である。(IWM FLM 3114)

「私は3機目の追跡を開始、数軒の家の上を越えたとき真正面に飛行場が見え、私は追跡を断念したが、もちろんこれは"ドローム"(飛行場)からの対空砲火が原因だった」

フェアバンクスがこの地域(彼が気に入っていた地上掃討で)をさらなる戦果とともに"再訪"したのは2月

22日であった。ブラントルンネから南を目指し、東寄りに機首を向けてライネ飛行場上空を通過すると、8～10機のFw190に遭遇した。これらはパイロットに"ドーラ9"として知られるFw190Dであった。フェアバンクスは1機に狙いを定めて、いつもの積極果敢な流儀で追撃、敵機のパイロットは振り切ろうと必死の努力をしたあげくに墜落してしまった。4機以上の敵から攻撃を受け、フェアバンクスは雲の中へと上昇してから、自分が飛行場のほぼ真上にいて、さらに多くのFw190のただ中にあるということに改めて気がついた。

「私は、1機が着陸態勢に入ったものの別の機がやや低い高度で進入してくるのに出くわしたため、そのまま飛行場で旋回し続けているのを見た。私はその機に奇襲をかけ、敵機は雲めがけ一直線に上昇した。私も垂直上昇し約200ヤード（180m）、60度の角度で攻撃した。敵機は失速寸前であったが、そのとき主翼の付け根とコクピットが炎に包まれ、機体はゆっくりと反転しそれからそのまま墜ちていった。500フィート（150m）の高度でパイロットが脱出したのが見え、敵機は地面に突っ込んで爆発した」

デイヴィッド・フェアバンクス少佐（右）と第274飛行隊小隊長のひとりであった"ジェシー"・ヒバート大尉。ヒバートは1945年2月の末日に任務から未帰還となったフェアバンクスに替わって飛行隊の後任指揮官となった。(IWM)

2日後に彼はまた戻ってきた。ブラントルンネ飛行場の北で単機のFw190を捕捉、これを落とした。フェアバンクスにとってこれが最後の撃墜戦果となるのだが、合計13機撃墜（うち1機が協同撃墜）のうち1機を除いて、これらはすべてテンペストによるものであった。この最後の撃墜は、フェアバンクスの戦闘報告にある時間と場所からⅢ./JG54（第54戦闘航空団第Ⅲ飛行隊）のエーリヒ・ランゲ曹長搭乗の"ドーラ9"「黒の13」（W.Nr.211095）であると思われる。

2月の最終日、フェアバンクス少佐は5機のテンペストを率いて早朝にハム、ミュンスター、オスナブリュックに向かった。蒸気機関車を攻撃、しかしその直後の0800時に「40機を超えるFw190とBf109」がオスナブリュックの北で発見された。いつものやり方でフェアバンクスは小隊を先導して攻撃、熾烈な戦闘が始まったが、圧倒的に数で優位な敵に対してイギリス空軍パイロットの勝ち目はほとんどなかった。4機のテンペストが帰還しFw190を5機撃破の申告をしたが、損失機2機のうちの1機がフェアバンクスであった。現在ではこの戦闘がⅢ./JG26（第26戦闘航空団第Ⅲ飛行隊）所属の"ドーラ9"を相手に行われたことがわかっている。フェアバンクスともう1機のパイロット、J・B・スペンス中尉は生存していたが戦時捕虜となり、戦後になってフェアバンクスはこの伸るか反るかの戦闘について以下のように記述している。

「私は正面攻撃と燃料タンク投棄を編隊に叫んだ。適当な目標を選んできっちり照準しているような余裕はまったくなかった。敵機からの応射があったかどうか私はまったく覚えていない。私たちがそうであったように彼らも不意を衝かれたのだと思うし、射撃位置に付く時間的余裕もなかったのだろう。私たちが最後尾の敵機を通り過ぎるとすぐに、敵編隊の後ろに向け左180度旋回を命じた。旋回中に目に入った航空機は1機もなかった。敵は四方八方に散ったに違いない。私は雲を目指す1機を追跡したが見失ってしまった。この少しあとに私は機体を降下させ雲の中に入り、その下に飛び出し、それから190を1機発見した。この時点で、ナンバー2とははぐれていた。

「190との距離を縮めて、射撃準備に入ろうとしたときに私の行く手に曳光弾が何発か走るのに気がついた。地上に近かったので対空砲のものだと思った。さらに何発かの曳光弾が私のそばを通るうち、敵機への射撃準備が整った。発砲し命中、その190は炎に包まれた。次の瞬間に、私は命中弾を

くらっていた。

　地上砲火ではなかった。私がさっきから見ていたのは背後の戦闘機からのもので、それが当たったのだ。主翼の肋材が見え、左右主翼の外板が裂けて、機体の水平を保っているのが難しくなっていたことを覚えている。エンジンからは外れていたがグリコールが噴出していた。ラジエーターが破裂したのだ。水平を維持するのに操縦桿を力いっぱい右に倒し続けねばならず、右のペダルも蹴り込んでいた。こんな操縦姿勢で基地に帰還などできないことはわかっていた。脱出の潮時だと決心した。右手で操縦しながら、左手でキャノピーを投棄しようとしたが、まるで動かなかった。何度か試したが、左手だけでは力が充分ではないのだ。操縦はあきらめて両手で投棄ハンドルを引くと、キャノピーは飛んでいった。キャノピーを投棄してから覚えているのは、後流のなかで頭を左に傾けたことだけだ。次に思い出せることは、地面の上にいる自分だった」

　すぐに捕らえられたフェアバンクスだったが、彼が幸運だったのは短時間すぎるパラシュート降下で死ななかっただけでなく、この当時にドイツ上空で撃墜された大勢の2TAFパイロットが辿った運命、簡単にいえば処刑からも生き延びたということである。彼は1週間前に"安全な"捕虜収容所に到着していたのだ。彼が最後にあげた撃墜戦果は公式にはまったく認められていないが、ドイツ空軍の損耗記録によればこの撃墜は確かなようで、この日の0810時に9./JG26（第26戦闘航空団第9中隊）のフランツ・シュミット軍曹（Fw190D-9「白の17」に搭乗）がレンゲリヒ近くで死亡していることが記載されている。

　フェアバンクスが捕虜収容所にいたあいだに、彼のDFCにバーが加えられることが官報に告示され、続いて2個目のバーが戦後すぐ、彼がカナダに送還されるときに贈られた。多くの戦時パイロットとは違い、彼の経歴はここで終わることはなかった。まず彼は学ぶことから始めた。コーネル大学で工学技術の学位を修得し、それから彼はスペリー・ジャイロスコープで働きながら、RCAF予備役としてヴァンパイアとT-33に乗っていた。2年間はイギリスでも過ごしており、イギリス空軍予備部隊の第504飛行隊ではミーティアに乗ることができた。1955年に彼はデハヴィランド・カナダにテスト・パイロットとして採用され、ビーヴァー、オッター、カリブーを飛ばし、短距離離着陸機作戦の専門家になっている。このような航空機漬けの危険に満ちた経歴のあと、どうした運命の悪戯か、"ラインの恐怖"はわずか52歳という年齢で病死したのである。

訳注
※45：第274飛行隊は1944年4月までスピットファイアMkVを装備、同年8月までスピットファイアMkIX、その後テンペストVとなる。また第501飛行隊は1944年7月からテンペストに転換した。

付録
appendices

1.タイフーンまたはテンペストに搭乗していたエース
（撃墜は必ずしもこれらの機種によるものではない。なお、*印はタイフーン、テンペストによる撃墜戦果を含む）

		所属部隊	単独撃墜／協同撃墜
ジェイムズ・A・S・アレン中尉	タイフーン	第56飛行隊、第182飛行隊	7
ジョン・P・バートル少佐	タイフーン	124飛行場	4/1
エリック・G・バーウェル中佐	テンペスト	FIU（戦闘機迎撃部隊）	9/1
ローランド・P・ビーモント中佐	タイフーン／テンペスト	第609飛行隊、第150航空団、第122航空団	6/1*
ジョーゼフ・ベリー少佐	テンペスト	FIU、第501飛行隊	3
リチャード・E・P・ブルッカー中佐	タイフーン／テンペスト	第123航空団、第122航空団	7
ジョン・R・コック少佐	テンペスト	第3飛行隊	10
マイケル・N・クロスリ中佐	タイフーン	デトリング	20/2
デニス・クロウリ-ミリング中佐	タイフーン	第181飛行隊、121飛行場	4/1
エドワード・G・ダニエル少佐	タイフーン／テンペスト	第1320フライト、FIU	7
ロバート・T・P・デイヴィッドソン中佐	タイフーン	第175飛行隊、第121飛行場、第143航空団	4/2*
ビリー・ドレイク大佐	タイフーン	第20航空団	18/2
ヒュー・S・L・ダンダス大佐	タイフーン	第56飛行隊、ダックスフォード	4/6
ウイリアム・G・イーグル大尉	タイフーン	第198飛行隊	5*
ジェイムズ・F・エドワーズ中佐	テンペスト	第274飛行隊	15/3
ロナルド・H・フォウクス少佐	タイフーン	第56飛行隊、第257飛行隊	9/4
ジョン・A・A・ギブスン少佐	テンペスト	第80飛行隊	12/1
デニス・E・ギラム大佐	タイフーン	ダックスフォード、第146航空団	7/1
ヒュー・C・ゴドフルワ中佐	タイフーン	第83航空群司令部飛行隊	7
ロナルド・A・ハッガー大尉	タイフーン	第56飛行隊	7
ピーター・P・ハンクス大佐	タイフーン	第56飛行隊	13
エドワード・W・F・ヒュイット大尉	タイフーン	第263飛行隊	16
ウォルター・J・ヒバート少佐	テンペスト	第274飛行隊	4/2*
フレデリック・W・ヒッギンソン大尉	タイフーン	第56飛行隊	12
ジョン・A・ホウルトン大尉	テンペスト	第274飛行隊	5/2*
レジナルド・J・ハイド少佐	タイフーン	第197飛行隊	5
アレック・イングル中佐	タイフーン	第609飛行隊	2/3
ウィリアム・J・ジョンソン少佐	タイフーン	第197飛行隊、第257飛行隊	4/3
ノーマン・G・ジョウンズ大尉	テンペスト	FIU	6/1
マイク・ジャッド中佐	タイフーン	第143航空団、第121航空団	4
マイケル・P・キルバーン少佐	テンペスト	第56飛行隊	6/1*
ジョン・I・キルマーティン中佐	タイフーン	第136航空団	12/2
ジョージ・J・キング大尉	タイフーン	第609飛行隊	6/1
ピーター・W・ルフェーヴル少佐	タイフーン	第266飛行隊	5/5
ヘンリー・T・ニコルズ少尉	タイフーン	第137飛行隊	6
ロビン・P・R・パウエル大佐	タイフーン	第121航空団	7/2
ゴードン・L・ラファエル中佐	タイフーン	マンストン	7
アレグザンダー・C・ラバグリアティ中佐	タイフーン	コウルティサル	16/1
ポール・H・M・リッチー中佐	タイフーン	第609飛行隊	10/1
ベリー・R・セント・クウィンティン少佐	テンペスト	第56飛行隊	9*
ゴードン・L・シンクレアー少佐	タイフーン	第1飛行隊、第56飛行隊	10
ロバート・L・スパードル少佐	テンペスト	第80飛行隊	10
バジル・G・ステイプルトン少佐	タイフーン	第257飛行隊、第247飛行隊	6/2
バシリオス・M・ヴァッシリアデス中尉	テンペスト	第3飛行隊	8/2*
ジョン・W・ヴィラ少佐	タイフーン	第198飛行隊	13/4
アラン・D・ワグナー少佐	テンペスト	FIU	9
デリク・R・ウォーカー中佐	タイフーン	第175飛行隊、第16航空団、第124航空団	4/1
トマス・Y・ウォレス少佐	タイフーン	第609飛行隊	-/1
ロイス・C・ウィルキンソン中佐	タイフーン	第1飛行隊	7/2
アーネスト・L・ウィリアムズ大尉	テンペスト	FIU、第501飛行隊	7
ヘンリー・デ・C・A・ウッドハウス大佐	タイフーン	第16航空団	3/2
ピーター・G・ワイカム-バーンズ大佐	タイフーン	第257飛行隊	14/3

2. タイフーン/テンペストのエース

パイロット	部隊	撃墜数 単独	協同	不確実撃墜 単独	協同	撃破 単独	協同	搭乗機種	他機種搭乗時の撃墜数	合計撃墜数
J・R・ボールドウィン大佐	第609飛行隊、第198飛行隊、第146航空団	15	1	1		4		タイフーン		15/1
D・C・フェアバンクス少佐	第274飛行隊、第3飛行隊	11	1	2				テンペスト	1	12/1
W・E・シュレーター中佐	第486飛行隊	9	2					テンペスト	2	11/2
C・F・J・ディータル中尉	第609飛行隊	6	1					タイフーン		6/1
R・ヴァン・リエルデ少佐	第609飛行隊、第164飛行隊、第3飛行隊	6						タイフーン/テンペスト		6
J・J・ペイトン中尉	第56飛行隊	6		1				テンペスト		6
E・D・マッキトン中佐	第274飛行隊、第80飛行隊、第122航空団	5	1			1		テンペスト	15/2	20/3
L・W・F・スターク少佐	第609飛行隊、第263飛行隊	5	1					タイフーン		5/1
D・E・ネス中尉	第56飛行隊	5	1					テンペスト		5/1
R・A・ラルマン少佐	第609飛行隊、第198飛行隊	5	1			1		タイフーン		5/1
I・J・シェダン少佐	第486飛行隊	4	3					テンペスト		4/3
A・E・アンバース少佐	第486飛行隊	4	1	1	1	2	1	タイフーン/テンペスト		4/1
K・G・テイラー＝キャノン少佐	第486飛行隊	4	1		1			タイフーン/テンペスト		4/1
J・ニブレット少佐	第198飛行隊	4	1					タイフーン		4/1
F・マーフィ少佐	第486飛行隊	4		1				タイフーン		4
A・R・エヴァンズ中尉	第486飛行隊	4		1				テンペスト		4
P・H・クロステルマン大尉	第274飛行隊、第56飛行隊、第3飛行隊	4				2		テンペスト	7	11
I・J・デイヴィス大尉	第609飛行隊	4						タイフーン		4
J・W・ガーランド中尉	第80飛行隊	4						テンペスト		4
V・L・ターナー中尉	第56飛行隊	4						テンペスト		4
J・C・ウェルズ大佐	第609飛行隊、第146航空団	3	2			1		タイフーン		3/2
A・R・ムーア大尉	第3飛行隊、第56飛行隊	3	1		1			テンペスト		3/1
J・M・プライアン中佐	第198飛行隊、第136航空団	2	3			2		タイフーン	-/1	2/4
J・H・ディール中尉	第266飛行隊、第146航空団	2	3					タイフーン		2/3
H・ショー少尉	第56飛行隊	2	3					テンペスト		2/3
J・H・スタッフォード大尉	第56飛行隊、第609飛行隊	2	3					テンペスト		2/3
P・G・ソートン・ブラウン少佐	第486飛行隊、第123航空団	2	2		1	1		タイフーン		2/3
D・J・スコット大佐	第486飛行隊、第123航空団	2	2			1		タイフーン		5/3
N・J・ルーカス中尉	第266飛行隊	1	4					タイフーン		1/4

3.タイフーン／テンペストのV1撃墜エース

以下のリストにはV1飛行爆弾をタイフーン／テンペストで5基以上撃墜したパイロットを掲載している。順位は、大部分が終戦時に行われた調査で記録されている最高の数値に準拠している。撃墜数は協同撃墜も含めた合計となっている(カッコ内は協同撃墜数)。なお最近の『ACES HIGH VOLUME 2』での調査も反映している。

	所属部隊	撃墜数		所属部隊	撃墜数
J・ベリー少佐	FIU、第501飛行隊	60(1)	F・B・ローレス大尉	第486飛行隊	9
R・ヴァン・リエルデ少佐	第3飛行隊	44(9)	B・F・ミラー中尉	FIU、第501飛行隊	9
R・P・ビーモント中佐	第150航空団	31(5)	C・B・ソーントン大尉	FIU、第501飛行隊	9
R・H・クラッパートン中尉	第3飛行隊	24	B・M・ホール中尉	第486飛行隊	9(3)
A・R・ムーア大尉	第3飛行隊	24(1)	R・D・ブレムナ中尉	第486飛行隊	9(4)
R・W・コウル曹長	第3飛行隊	24(4)	R・C・デルーズ中尉	第501飛行隊	8
O・D・イーグルソン大尉	第486飛行隊	23(3)	W・A・カルカ中尉	第486飛行隊	8
R・J・カモック中尉	第486飛行隊	21(3)	J・H・スタッフォード大尉	第486飛行隊	8
H・J・ウィンゲイト少尉	第3飛行隊	21(2)	K・A・スミス中尉	第486飛行隊	8
J・H・マッコー大尉	第486飛行隊	20(1)	C・J・シェダン少佐	第486飛行隊	8(1)
K・スレイド‐ベッツ中尉	第3飛行隊	20(1)	W・R・ハート中尉	第486飛行隊	8(2)
R・ドライランド少佐	第3飛行隊	19(2)	W・L・ミラー大尉	第486飛行隊	7
J・R・カレン少佐	第486飛行隊	18(4)	L・G・エヴァソン中尉	第3飛行隊	7(1)
A・E・アンバース少佐	第3飛行隊	18(4)	H・M・メイソン中佐	第486飛行隊	7(2)
H・J・ベイリ少尉	第3飛行隊	14(2)	R・W・ポッティンジャー少尉	第3飛行隊	7(3)
D・J・マケラス曹長	第3飛行隊	14(3)	H・バートン大尉	第501飛行隊	6
R・J・ロッブ大尉	FIU、第501飛行隊	13	W・A・L・トロット中尉	第486飛行隊	6
R・E・バークレイ中尉	第3飛行隊	13(1)	W・R・マクラレン中尉	第56飛行隊	6(1)
R・J・ダンジ中尉	第486飛行隊	13(4)	G・H・ワイルド曹長	第56飛行隊	6(1)
M・J・A・ロウズ少尉	第3飛行隊	12(1)	G・L・ボナム少尉	第501飛行隊	5
S・B・フェルマン中尉	第3飛行隊	12(3)	A・S・ドレッジ少佐	第3飛行隊	5
M・F・エドワーズ大尉	第3飛行隊	12(5)	A・R・ホール少佐	第56飛行隊	5
E・L・ウィリアムズ大尉	FIU、第501飛行隊	11	D・E・ネス大尉	第56飛行隊	5
H・N・スイートマン少佐	第486飛行隊	11(1)	N・J・パウエル大尉	第486飛行隊	5
B・J・オウコナー中尉	第486飛行隊	10(1)	S・J・ショート中尉	第486飛行隊	5
H・ショー少尉	第56飛行隊	10(1)	A・N・セイムズ中尉	第137飛行隊	5
G・J・M・フーバー中尉	第486飛行隊	10(3)	E・W・タナー大尉	第486飛行隊	5(2)
G・K・ホイットマン大尉	第3飛行隊	10(5)			

カラー塗装図　解説
colour plates

1
タイフーンMkIB　R7698　1942年9月　ダックスフォード基地
ダックスフォード航空団司令　デニス・E・ギラム中佐

MkIA仕様で第609飛行隊に配備されたR7698はギラム専用機として使用され、MkIB標準仕様への改修を受けた。当然記入されるであろうと思われた「DE◎G」ではなくコードレターを「Z◎Z」とした理由は不明だが、少なくとも3機かそれ以上のタイフーンと、テンペスト1機にこのマーキングが施されて彼の機の特徴となる。胴体のラウンデル(国籍標識)は規格外の比率で、しかも標準より大きな寸法で記入されていることに注意。これは、直径42インチ／1067mmのタイプA1ラウンデルをタイプC1風に描き変えたため(タイプC1は直径36インチ／914.4mmが規格サイズ)。機体は、標準とは異なる迷彩に塗り直されているが、明らかに通常のグレーよりも暗い塗料を使用していることがもとで正確なパターンを同定することは困難。このタイフーンには内側機関砲を中心線にして両翼上下面に幅12インチ／304.8mmの黄色帯が記入されている。ダックスフォード航空団解散時にR7689は新編成の第198飛行隊に転属、1943年7月まで実戦

配備され、それからリアズビのテイラークラフト(航空機製造会社)でタイフーン補修計画に使用された。
(訳注:タイプA1ラウンデル、タイプC1ラウンデルはともに黄・青・白・赤の4色で構成されるが、その各色の比率が異なる。タイプA1は、最外の黄色部直径Dに対して各色の円の直径が黄D：青5/7D：白3/7D：赤1/7Dである。これに対しタイプC1は最外の黄色部直径Dに対し黄D：青8/9D：白4/9D：赤3/9Dという比率で描くように決められていた。なお直径Dは航空機の種別や年代で変化がある。1942年5月に発せられた国籍標識等の適用に関する変更に準じ、前線でタイプA1をタイプC1に見えるよう現地「改造」塗装したため、このようなラウンデルになったものと思われる)

2
タイフーンMkIB　R8843　1943年9月　タングミア基地
タングミア航空団指令　デズモンド・J・スコット中佐

R8843は実戦部隊に到着したスライド式風防装備の最初の機体で、発注されたタイフーンのうちセイバー・エンジンの供給が充

分に整うまでストックされていた少量のバッチに属する機体。これらの機体は最終的な標準となる仕様を採り入れて完成したが、新型風防の適用もこれに含まれていた。最初期の"バブル・トップ型"は、タイフーン戦闘飛行隊の各指揮官に送られた。たとえば第609飛行隊のソーントン-ブラウン少佐に支給されたR8845などがそうである。スコットは1943年9月16日に新しいタイフーンを受領、彼がRAFホーキンジの指揮をとるため転属する11月までこの機体を飛ばしていた。そのままタングミアで使用されたR8843は、1944年1月12日、デニス・ギラム搭乗時に対空砲火によって損傷。テイラークラフトで修理され、Dデイ前後に第184飛行隊へ配備される。数日後、第175飛行隊に移ったが再度損傷し修理を受けて1944年9月に第181飛行隊に送られた。この機体は最終的に1944年9月29日、対空砲火によって撃墜されている。搭乗パイロットのT・F・ロッサー大尉はPoW（戦時捕虜）となっている。

3
タイフーンMkⅠB　MN570　1944年6月
ソーニー・アイランド基地　第132航空団指令
リチャード・E・P・ブルッカー中佐

Dデイ直前に第198飛行隊へと配属されたが、MN570はブルッカー中佐専用機にあてられ名字の頭文字「B」一文字を記入、1944年7月に彼の実戦勤務期間が終了するまでブルッカーが搭乗した。スピナーのマーキングは白黒写真を基にした解釈によるものだが、一時的なものとみなすべきであろう。7月24日、第198飛行隊のパイロットが着陸時に事故を起こし損傷、MN570は修理を受け、まず第247飛行隊に再度就役（コードレター「YZ◎F」として）し1944年11月まで同部隊で使用され、続く1ヵ月は第174飛行隊（「XP◎P」）に所属した。この機体の最後についてははっきりとしないが、1945年2月22日に対空砲に撃たれた後、フォルケルに不時着し登録を抹消されたことを示唆する証拠がある。ブルッカーはこの機体（MN570）の後、1945年1月からこれにも「B」のコードレターを記入したテンペスト（NV641）に搭乗しているが、同年4月16日、このテンペストで飛行中に消息を断っている。

4
タイフーンMkⅠB　SW470　1945年5月
プラントルンネ（B.103※）基地　第123航空団指令
ジョン・R・ボールドウィン大佐

1945年2月にジョニー・ボールドウィンが作戦に復帰したとき、彼には2機のタイフーンが供与され、いずれも「JB」のコードレターが記入された。爆撃機仕様はSW496、ロケット弾装備仕様がSW470で、VEデイ（ヨーロッパ戦勝日）ののちも4ヵ月にわたって使用していた。スピナーはもともと黒であったが、1945年5月ごろに、なんとピンクに塗装された。1946年1月になってSW470はリッチフィールドの第51MU（整備部隊）へ移動、同年9月に廃棄処分された。
（※訳注：この記号は連合軍が大陸侵攻後に占領した飛行場に対して付けたもの。基本的に番号が大きいほどベルリンに近くなる）

5
タイフーンMkⅠB　MN518　1944年5月　ハーン基地
第143航空団指令　ロバート・T・P・デイヴィッドソン中佐

デイヴィッドソンは、前の「R◎D」を記入した機体（JP496。カラー塗装図解説10を参照）に替えて1944年4月の後半にMN518を受領、5月初頭の作戦にはこの機を使用していた。しかし5月8日に借り物の機体（MM957「F3◎N」）で第438飛行隊を率いドイウェ近郊の"ノーボール(V1)"基地攻撃に向かったとき、エンジン故障のためフランス領内に不時着した。ドイツ軍から逃れた彼は、フランスが解放されるまでマキ団※とともに戦った。MN518は新しい航空団飛行司令のマイケル・T・ジャッドの手に移り「MJ」の文字が記入された。Dデイの翌日に損傷を受け、修理の後、9月には「ZH◎C」として第266飛行隊に配備される。大戦を生き残ったが、1946年7月にケンブルの第5MUで廃棄処分された。
（※訳注：マキ＝Maquisはコルシカ方言が元になっており本来は「低木・灌木」の意。第二次大戦中、強制労働を逃れた兵士が森林地帯に居住したことからマキと呼ばれるようになった。対ナチス抵抗組織）

6
タイフーンMkⅠB　MN587　1944年10月
アンフェルス(アントワープ)(B.70)基地
第146航空団指令　デニス・E・ギラム大佐

「ZZⅡ」とマーキングされているにもかかわらず、MN587は「ZZ」を記入したデニス・ギラムの（少なくとも）3番目のタイフーンである。第266飛行隊に配備され、1944年7月から12月にかけギラムが第146航空団指揮官であった時期に搭乗していた。彼はこの機体で多数の攻撃を指揮したが、しかし彼の任務は厳密にいえば非実働的な性格のものであった。1944年12月26日、別のパイロットが操縦していたときに尾脚部分に損傷を受けたMN587は修理のため前線から後退、その後、第84航空群支援部隊の練習機として飛行した。1946年10月、ケンブルの第5MUで廃棄処分となった。

7
タイフーンMkⅠB　PD521　1944年11月
アンフェルス(アントワープ)(B.70)基地
第146航空団指令　ジョン・R・ボールドウィン中佐

ジョニー・ボールドウィンが搭乗したタイフーンで、彼のイニシャルを記入した機体はほとんどなく、1944年6月、第146航空団飛行指令としての最初の機体である。この時期、6月に航空団はフランスへ移動、ボールドウィンは「JBⅠ」と「JBⅡ」に搭乗していたが、これらはそれぞれ爆撃仕様とロケット弾装備仕様となっていた。後者（ロケット弾装備）はMN934で、対空砲による損傷のため不時着した8月13日まで使用された。これに続く2機についてのシリアルは不明だが、4番目の「JBⅡ」がPD521であり9月30日から10月11日までの間、ボールドウィンが"休暇"に入るまで飛ばしていた。PD521は第257、第266飛行隊で任務に就くため移動、戦争終結時には第266飛行隊（「ZH◎Z」）に所属していた。1946年8月、第51MUで廃棄された。

8
タイフーンMkⅠA　R7648　1942年6月　ダックスフォード基地
第56飛行隊長　ヒュー・S・L・ダンダス少佐

このタイフーンは「ファーカー(Farquhar)」の名を記入した4番目のダンダス専用機である。1942年4月の初頭に、この前の乗機「A」R7593の替わりとして第56飛行隊に到着した。ダンダスはこの機体で1942年6月、ウエストハムネットの分遣隊を指揮しているときに最初の防衛哨戒飛行に出た。R7468は翌月、タイフーンMkⅠB(R7825)に交替している。1942年後半、ダックスフォードで編成されたタイフーン戦闘爆撃航空団を指揮するため昇

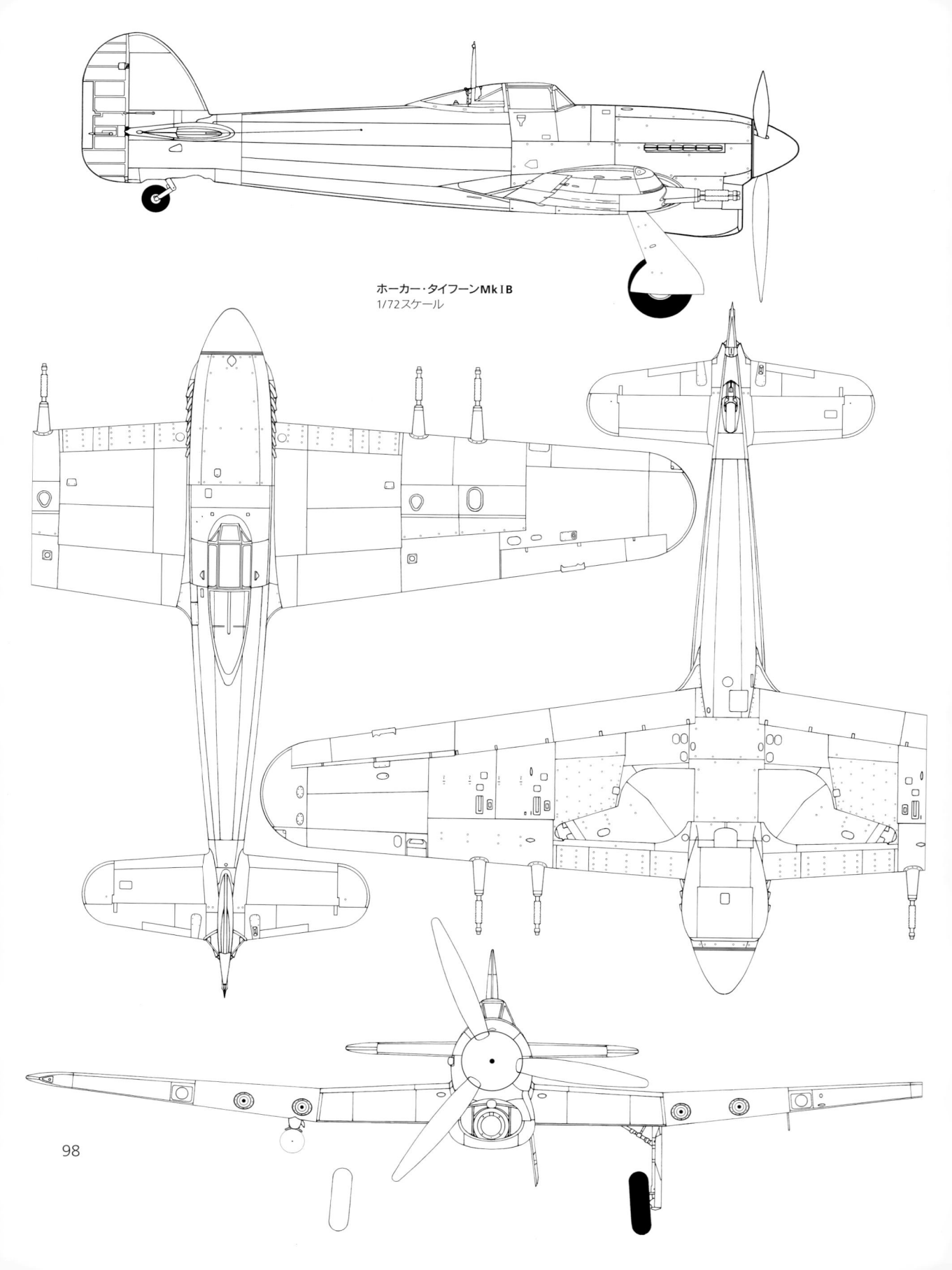

ホーカー・タイフーンMk IB
1/72スケール

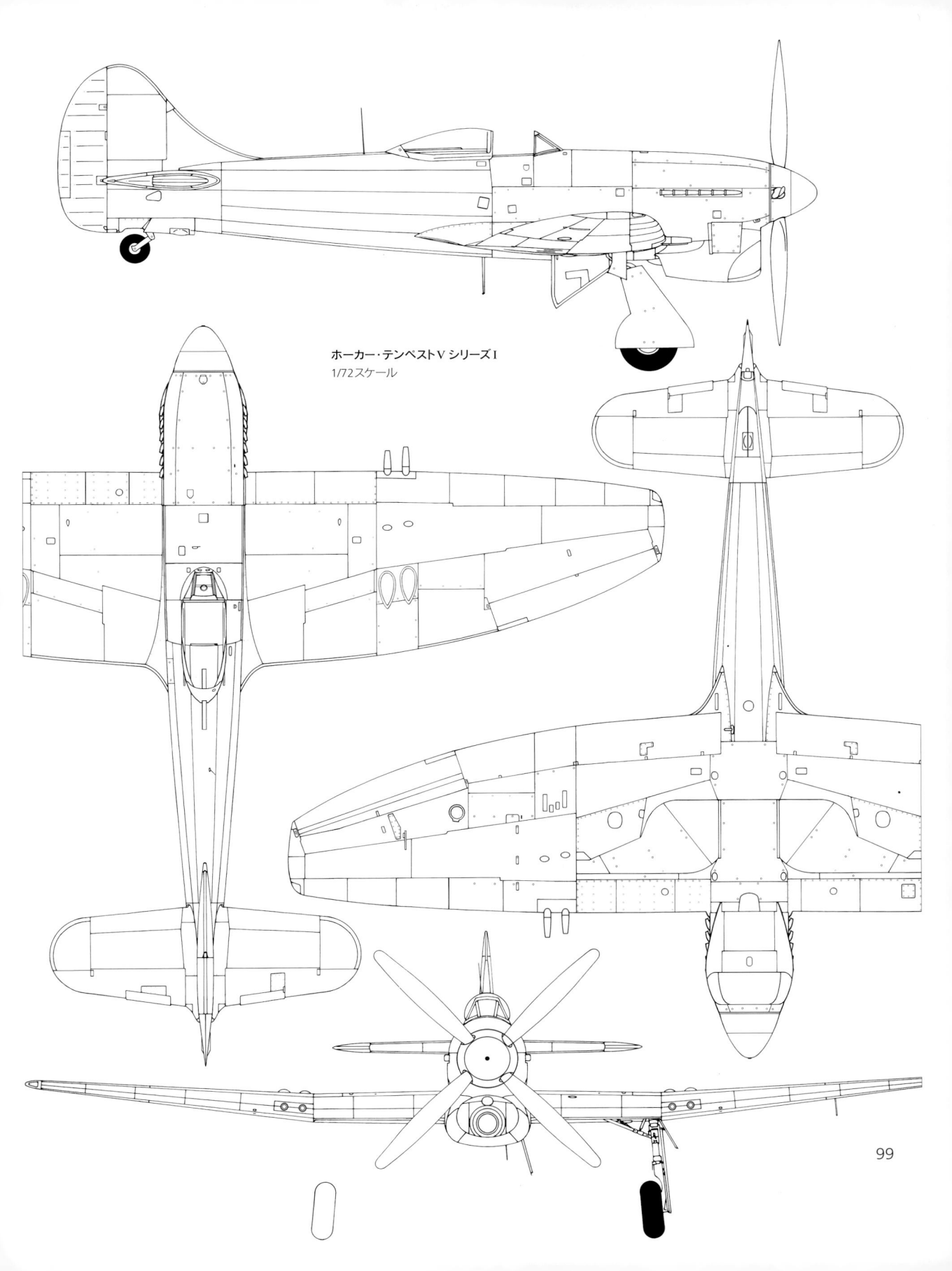

ホーカー・テンペストV シリーズI
1/72スケール

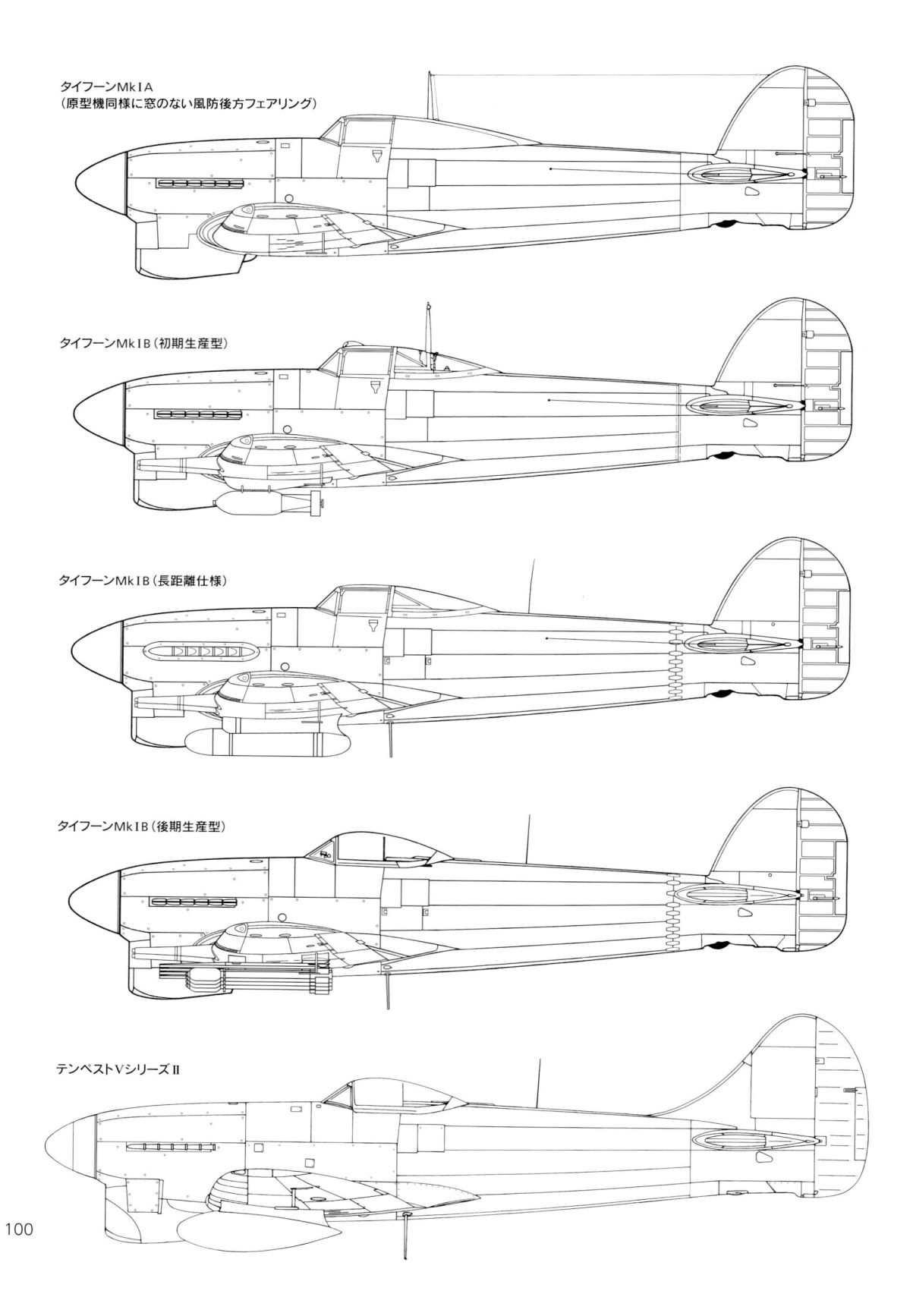

タイフーンMkIA
（原型機同様に窓のない風防後方フェアリング）

タイフーンMkIB（初期生産型）

タイフーンMkIB（長距離仕様）

タイフーンMkIB（後期生産型）

テンペストVシリーズII

進したダンダスは、しばらくの間「H◎D」の個人コードを使用していたが機体はR7684であるとされる。この機体は以前は基地司令用であったもの（コードはジョン・グランディの「JG」であった）。

9
タイフーンMkIB　MN134　1944年6月
マンストン基地　第137飛行隊　アーサー・N・セイムズ中尉

1944年3月3日、第137飛行隊に到着したときは「SF◎N」というコードレターが記入されていたMN134は、5月に「SF◎S」と変更された。6月、7月の間にこの機は第137飛行隊で最高のV1ハンターとなり、同隊パイロットによって9基を撃墜している。タイフーンによる唯一のV1エースである"アーティ"・セイムズ中尉は、彼の戦果である5基のうち3基をこの機体に乗ってあげており、ラファエル中佐（マンストン司令）もこの機体で1944年7月6日から7日にかけての夜間に1基を撃墜している。MN134は1944年末に損傷を受けるまでそのまま第137飛行隊で使用され続けたが、結局リアズビのテイラークラフトで修理するためイギリス本国に戻された。実戦部隊に戻ることはなかったようで、1946年10月にケンブルの第5MUで廃棄処分された。

10
タイフーンMkIB　JP496　1943年8月　リド基地
第175飛行隊長　ロバート・T・P・デイヴィッドソン少佐

1943年7月12日に第175飛行隊に配備されたJP496は、「HH◎W」のコードレターを記入しデイヴィッドソンが使用した。機体には階級ペナントと5機のキルマーク——日本2、イタリア2、ドイツ1——が描かれている。第121航空団飛行指令に昇進したときにも彼はこのタイフーンを使い続けたが、短縮した彼のイニシャル「R◎D」に塗り直され、階級に応じたペナントを描いた。第143RCAF（カナダ空軍）航空団の指揮をとるために移動した際、デイヴィッドソンはこの機体をもっていった。MN518に機体交換したときに、JP496はキャノピー変更とロケット弾装備仕様への改修のためカンリフ・オウェンに送られ、それから1944年6月10日に第3戦術訓練部隊に配備された。のちに第56OTU（実戦訓練部隊）で使用されたが、1946年9月にケンブルの第5MUで廃棄された。

11
タイフーンMkIB　EK270　1943年6月　アップルドラム基地
第181飛行隊長　デニス・クロウリーミリング少佐

その時期の非公式な部隊章を記入したEK270は、クロウリーミリングが1943年5月から8月の間、北フランスで急降下爆撃任務の際に飛ばしていた。第121航空団を指揮するため昇進したとき修理のためにホーカー社に戻され、翌年3月にスライド式風防にロケット弾装備機体の第137飛行隊所属機「SF◎H」として部隊配備された。11カ月後に第137飛行隊で損傷を受け、修理の後、第247飛行隊の「YZ◎E」として配属された。実戦配備からわずか10日で損傷を受け、このタイフーンはマーシャル・オブ・ケンブリッジで修復のためイギリス本国に送還されたが、1945年5月に廃棄処分された。

12
タイフーンMkIB　EK195　1943年6月
アップルドラム基地　第182飛行隊
ジェイムズ・A・S・アレン少尉

1943年6月5日に第182飛行隊に配備されたEK195の実戦使用期間は短いものであった。6月21日に"サンディ"・アレン少尉はル・サヨン近くで対空砲の致命的な命中弾を受けたが、垂直安定板と方向舵に大きな穴を開けたまま無事帰還した。機体はヘンロウの第13MUに引き渡されたが、これ以降、EK195を使用したという記録はない。おそらく修復計画に用いる予備部品にまわされたのであろう。この当時に損傷した多くのタイフーンが迎えた運命と同様に。6月30日、アレンはまたもフランス上空で対空砲火を受けた。このときに搭乗していたのはJP381「XM◎C」で、彼は重傷を負った。以来アレンは作戦飛行には復帰していない。

13
タイフーンMkIB　EK273　1943年6月　ルダム基地
第195飛行隊長　ドン・"ブッチ"・テイラー少佐

飛行隊長のものとしてはもっとも規格から外れた機体であるEK273は、テイラーのイニシャルをコードレターの替わりに記入している。テイラーはバトル・オブ・ブリテン当時は第64飛行隊で飛び、Do217とBf110各1機を協同撃墜した。2TAFの組織改編にともない第195飛行隊が解散されたとき、彼は第197飛行隊の指揮をとることとなり、1944年7月の実戦勤務期間が明けるまでこれを率いた。テイラーは最後の勤務期間を始めるために復帰、1945年4月に第193飛行隊で再びタイフーンに乗った。1943年7月6日のこと、彼はルダムの親基地であるコウルティシャルに飛んだ。そこで乗機のEK273を航空団飛行指令のA・C・ラバグリアティ中佐に貸したが、中佐はこの機で第56飛行隊を率い対鑑攻撃に出撃、未帰還となった。

14
タイフーンMkIB　MM987　1944年3月　マンストン基地
第198飛行隊長　ジョン・R・ボールドウイン少佐

ジョニー・ボールドウィンが1943年11月の末、第198飛行隊の指揮をとるときにマイク・ブライアン少佐のタイフーン「TP◎X」を引き継いだ。彼はすぐに、自分の機体として「TP◎Z」の文字を記入したが、12月19日に新しい「Z」を試している。彼はこの機体のことを日誌に「私の新しいスライド風防の機体」と書き残しており、R8894であるとされる。彼は、FLS（戦闘機指揮官学校）に出席するためミルフィールドへ出発する1944年1月の終わりまでこの機体に乗っている。R8894は1944年2月10日の作戦行動中に失われたが、このとき搭乗していたスタンリ准尉はPoWとなった。そして折良くこの穴を埋めることになったと思われるのがMM987で、R8894が失われた翌日に飛行隊に到着している。仮のコードレター「TP◎Z」を記入した機体が、1944年3月の初旬に撮影された一連の宣伝用写真に見られるが、ボールドウィンが3月4日にレーダー施設攻撃訓練のため「TP◎Z」で最後に飛行したという事実によってMM987であることが裏付けられる。同じ日に事故によって機体は損傷している（このとき搭乗していたのは別のパイロット）。

15
タイフーンMkIB　MP126　1944年12月
エイントホーフェン（B.78）基地　第247飛行隊長
バジル・G・ステイプルトン少佐

MP126は1944年8月末日に第247飛行隊へと配備され、バトル・オブ・ブリテンのエース"ジェリー"・ステイプルトンが使用することになった。彼はこの月の初めごろから同部隊の指揮をとっている。10月に第247飛行隊のタイフーンには多くの装飾が描かれ、MP126はイラストが見られるようになったが、これは飛行隊の情報士官ケイ中尉の手によるものである。可動のタイフ

ーンは常に2TAFによって短期使用されたが、12月5日に「ZY◎Y」はオランダ人パイロットの"フリッキー"・ウィールスム中尉が"借用"したとき、レーデ近郊で対空砲火により撃墜された。強行着陸に成功したが前線の向こう側で、彼を逮捕に来た者たちは機首のイラストに大変な興味を示した。

16
タイフーン Mk I B　JP510　1943年8月　ウォームウェル基地
第257飛行隊長　ロナルド・H・フォウクス少佐
バトル・オブ・ブリテンのエース"ロニー"・フォウクスは1943年7月に第257飛行隊の指揮をとっていたが、そこで彼はJP510に搭乗した。機体には階級ペナントと愛称、おそらく「カウボーイⅡ」と記入されていた。彼はこのタイフーンに1944年1月14日まで乗っていたが、キャノピー改修のためホーカー社に送られた。部隊に戻ったのは3月2日のことで「FM◎Y」のコードが与えられたが、2週間後の"ノーボール"攻撃で失われた。フォウクスの新たな「A」はMN118で、4月の間にMN372に変更された。その後、Dデイ・プラス6日に彼はMN372で飛行中、戦死した。

17
タイフーン Mk I B　JP846　1944年1月　ハロウビア基地
第266飛行隊長　ピーター・W・ルフェーヴル少佐
バトル・オブ・ブリテンとマルタの戦いにおけるエースであるピーター・ルフェーヴルは、1943年8月に第266飛行隊を引き継いだ。JP846は9月25日に部隊へ到着したときに彼の機体となったもので、「ZH◎G」のコードレターは、最初のタイフーン飛行隊指揮官チャールズ・グリーンの先例に従ったものである。ルフェーヴルは、12月1日にJu88を1機協同撃墜、1944年1月21日にBf109を1機撃墜、2日後にFw190を協同撃墜しているが、これらはいずれもJP846に搭乗してのことである。1944年2月6日、ブルターニュのアベル・ラシュにおいて対沿岸防衛攻撃の際に対空砲火の命中を受け機外に脱出したが、高度が低すぎたため死亡した。

18
タイフーン Mk I B　JP906　1943年10月　ハロウビア基地
第266飛行隊　ノーマン・J・ルーカス中尉
上記のJP846が第266飛行隊に到着した4日後に配備されたJP906には、コードレター「ZH◎L」が記入された。1943年10月15日、N・J・ルーカス中尉はこの機体でナンバー2（僚機）のドラモンド軍曹を引き連れ、2機のFw190を追跡した。敵機はいずれも撃墜されたが、ルーカスは1機撃墜、1機協同撃墜という戦果をあげた。その後、この機体が戦闘に使われるのは1943年1月のことだが、このときはS・J・P・ブラックウェル中尉が南部ブルターニュでの"レンジャー"任務のため使用した。グロワ島の近くで、Ju88攻撃の前に機雷掃海中のJu52と遭遇し戦闘、敵の応射が命中し墜落（パイロットは生存し、無事脱出）した。Ju88は第266飛行隊の残る3名のパイロットが撃墜している。ブラックウェルには協同撃墜1/4の戦果が与えられた。

19
タイフーン Mk I B　RB28　1945年2月
エイントホーフェン（B.78）基地　第439飛行隊
A・H・フレイザー中尉
この後期生産のタイフーンは1944年12月28日、第439（RCAF）飛行隊に配備された。悪名高いドイツ空軍のニュー・イヤーズ・デイ（1月1日）の連合軍飛行場攻撃※からちょうど4日後、ヒュー・フレイザー中尉はこの機体で大量のFw190を相手に低高度でドッグファイトを行った。フレイザーは2機を撃墜、2機目は"ドーラ"（Fw190D-9）である。この機体の以降の戦果には、2月14日に5./KG(J)51所属のMe262を1機撃墜というものがある。3月2日、作戦からの帰還途中にRB281はエンジン故障を起こし、フレイザーはエイントホーフェン近郊に強行着陸を行った。機体はリアズビのテイラークラフトで修理されたがケンブルの第5MUで保管、1946年11月に廃棄処分された。
（※訳註：ボーデンプラッテ作戦のこと）

20
タイフーン Mk I B　R8781　1942年12月　タングミア基地
第486飛行隊　キース・G・テイラー-キャノン軍曹
R8781は短期間適用された機首の白塗装と、1942年11月にタイフーン用に規定された主翼下面の黒帯が塗られている。機首白塗装の廃止と黒帯の間に白を塗装せよという命令が発せられたのが12月5日のことであるが、全飛行隊から機首白塗装が廃されるには数日を要したようで、このためG・G・トーマス中尉が4(F)./123所属のメッサーシュミットBf109単機を1942年のクリスマスイヴに撃墜した際にもまだ塗装は残ったままであった。"ハイフン"・テイラー-キャノン軍曹がこの機体でBf109を撃墜したのは1943年1月17日で、1943年4月14日にはR・H・フィッツギボン曹長が搭乗してBf109をさらに1機協同撃墜している。第195、第164飛行隊に配属された後、最終的に戦後のドイツで第266飛行隊に配備される前には、R8781は1944年の大部分と1945年初頭は補修部隊にあった。1945年9月、第51MUによってスクラップ処分されている。

21
タイフーン Mk I B　EJ981　1943年6月　タングミア基地
第486飛行隊長　デズモンド・J・スコット少佐
1943年6月12日から9月2日までの期間、スコットはEJ981「SA◎F」に乗って多数の作戦をこなしている。彼はこの機体に乗っている間にFw190を2機撃墜しているが、1機は6月24日に、もう1機は7月15日にフィッツギボン少尉と協同という内容である。9月にコードレターが「SA◎E」に変更され、1943年11月20日にエンジン故障で強制着陸した後、登録を抹消された。このときのパイロットはヘリーン曹長であった。

22
タイフーン Mk I B　R7752　1943年2月　マンストン基地
第609飛行隊長　ローランド・P・ビーモント少佐
第609飛行隊に届いたのが1942年6月2日のことで、R5572は「PR◎G」のコードレターを記入され、ポール・リッチーが搭乗した（彼はバトル・オブ・フランスで「PR◎G」を記入したハリケーンを飛ばしていた）。"ビー"・ビーモントが1942年10月に指揮をとるようになったときに、彼もまた「G」を引き継ぎ、固有の機体としてスピナーと機関砲フェアリングを黄色に塗って、自身の撃墜スコアを記入した。ラジエーター・フェアリングの下面に幅広の黄色い帯、翼内側機関砲に沿った主翼上面の12インチ幅の帯が施されている（これらは1943年2月3日に廃止された）。「タリホー」は第609飛行隊のモットーである。夜間侵入で敵の鉄道集積所に何度も破壊をもたらしていたにもかかわらず、"ビー"は空戦からは縁遠かった。例外は1943年1月18日の夜で、このとき彼はJu88に損傷を与えている。R7752は1943年7月に第56飛行隊に移動、翌月にはホーカー社に送られ（予備部品として）コンポーネントに分解された。

23
**タイフーンMk I B　R7855　1943年2月　マンストン基地
第609飛行隊　レモン・A・ラルマン中尉**

タイフーンの空戦でもっとも成果をあげたパイロットのひとりである"シュヴァル"・ラルマンが使用したのがR7855。この機体を使ってラルマンは、1942年12月19日と1943年1月20日に各1機、2月14日には2機の合計4機、そしておそらくこの後に未確認だが1機を撃墜している。このタイフーンは前述のR7752と同時期の機体で、主翼の黄帯が記入されていた。1943年4月16日の戦闘で損傷したためR7855は修理のためホーカー社に送られたが、再評価され6月の終わりに分解されている。ラルマンは第198飛行隊で二度目の実戦勤務期間を送り、さらに撃墜数をのばした。

24
**タイフーンMk I B　SW411　1945年5月
ブラントルンネ(B.103)基地　第609飛行隊長
ローレンス・W・F・スターク少佐**

"ピンキー"・スタークが二度目の実戦任務期間のため第609飛行隊に戻ったときは指揮官としてであった。彼は1945年3月19日から部隊が解散される9月までSW411を専用機として使用し続けた。スピナーがツヤ有り黒に黄線という色で塗り分けられたのはVEデイの数日後のことである。主脚カバー内側も白縁付きの黄色で塗装されている。ケンブルの第5MUで1年間保管の後、SW411は1946年10月に廃棄処分された。

25
**テンペストMk V　EJ750　1944年11月
フォルケル(B.80)基地　第122航空団指令
ジョン・B・レイ中佐**

1944年10月19日に第486飛行隊へ配備されたEJ750は、実際には第122航空団飛行司令が使用しており、彼のイニシャルである「JBW」の文字が記入されていた。ジョン・レイはこの機体で飛んでいるときに2機の空中戦果をあげている。いずれもメッサーシュミットMe262で、1機は1944年11月3日、もう1機は12月17日に記録した。1945年1月、レイ中佐に替わってブルッカー中佐が着任したときにEJ750のコードは「SA◎B」に書き換えられ、第486飛行隊のパイロット数名が搭乗したが、1945年1月1日にフーバー少尉がBf109を撃墜、1945年1月23日にはミラー大尉がFw190を撃破、また同日にベイリ准尉がBf109を協同撃墜している。1945年2月8日、EJ750は対艦攻撃の際に破片に打たれ敵地内に強制着陸、しかしパイロットのミラー大尉は捕まることなく逃げおおせている。

26
テンペストMk V　SN288　1945年5月　ファスブルク(B.152)基地　第122航空団指令　E・D・マッキ中佐

1945年4月の終わりに第122航空団の指揮をとるため昇進したマッキ中佐は新品のテンペストSN228を選び、イニシャルを記入させ、5月3日に最初の任務で飛行した。このイラストは戦時中の塗装・マーキングであるが、SN228は後に階級ペナントのすぐ前方に25の撃墜マークを記入、垂直安定板の上方には第122航空団の公式記章を描き、スピナーは何色かわからないが明るい色に塗り替えられている(同機の写真は79～80頁に掲載)。マッキ搭乗による最後の飛行は1945年10月12日のことで、機体は翌週に第41飛行隊へと送られた。部隊はすぐに第26飛行隊に部隊番号を変更、「XC◎D」のコードが記入されアンブロウズ少佐が乗るようになる。1946年9月には第33飛行隊に移動、10月にケンブルの第5MUで保管されることになった。1950年11月、J・デイルに廃棄のため売却された。

27
**テンペストMk V　JN751　1944年6月　ニューチャーチ基地
第150航空団司令　ローランド・P・ビーモント中佐**

実戦部隊に最初に届いたテンペストのうちの1機であるJN751は、1944年3月16日に第3飛行隊へ配備されたが、第150航空団の航空団飛行司令であるR・P・ビーモントが専用機として使用するようになった。機体には彼のイニシャルと階級ペナント(正規の記入方向とは逆向きに描かれていた)が記入され、彼が第609飛行隊で使用したタイフーンのようにスピナーは黄色に塗られていた。Dデイの少し前、ラングリのホーカー工場で塗装されるような通常の「インヴェイジョン・ストライプ」よりも幅の細いものが描かれた。ビーモント中佐はDデイ・プラス2日にこの機体でルーアン上空を飛行中にテンペスト初の空対空戦闘による戦果をあげ、またV1撃墜31基という記録の大部分もこの機に搭乗してのことである。JN751は1944年9月の初めに、新しいシリーズ2のテンペストMk V(コードレター「PRB」、シリアル不明)と交換されてしまった。ラングリで生まれ変わったJN751は1944年12月に対航空機直協部隊の第287飛行隊へ配備され実戦に戻った。1945年5月18日、視界不良のためシェピ島に墜落、搭乗パイロットは死亡した。

28
**テンペストMk V　JN862　1944年6月　第3飛行隊
ニューチャーチ基地　レミー・ヴァン・リエルデ大尉**

"マニー"ヴァン・リエルデは小隊長として第3飛行隊に配属されていたときタイフーンで大きな成果を収めた実戦勤務期間を過ごした。1944年夏、彼は昼間の対V1飛行爆弾作戦でもっとも戦果をあげたパイロットとなり、44基撃墜を果たした。撃墜の大部分は彼の専用機であるJN862に搭乗しているときにあげられたものである。この機体を写した有名な写真を精査したところ、スピナーに描かれた帯が細い3本線であることが明らかになった。これはおそらく、ベルギー国旗の3色であろうと思われる。JN862は着陸時に脚を損傷したため、1944年8月にEJ557と交換された。修理後、JN862は「JF◎Q」として実戦に戻ったが、1944年9月17日、着陸時に長距離燃料タンクが落下し再度損傷を受けてしまう。補修後は第20MUで保管され1950年11月にホーカーへ売却された(おそらく補用の予備部品とされたのであろう)。

29
テンペストMk V　NV994　1945年4月　ホブステン(B.112)基地　第3飛行隊　ピエール・H・クロステルマン大尉

1945年4月15日に第3飛行隊へと到着しコードレター「JF◎E」を記入されたNV994は、A小隊長のピエール・クロステルマン中尉が頻繁に搭乗した機体である。彼は4月20日、この機体に搭乗し1回の飛行任務でFw190を2機撃墜した。ちなみに以降の戦果はSN222(コードレター不明)に搭乗して得られたものである。NV994は1945年7月1日に「カテゴリーB」※と判定され(原因不明)、ラングリのホーカー社で修理を受けた。それから1950年4月までアストン・ダウンの第20MUで保管されてから再びホーカー社に戻され、T.T.5(標的曳航機型)仕様に改造されている。1952年4月にAPSシルト(武装演習基地)へ送られ「D」号機として1954年10月まで使用される。再度、第20MUに送られ保管後、

1955年7月に製造会社へと売却された。
（※訳注：「カテゴリーB」はイギリス空軍の航空機損傷度判定評価分類のひとつ。カテゴリー──原語ではCatと表記──は以下の通り9分類される。「Cat U：事故・戦闘後損傷なし」「Cat A：損傷有り。運用部隊付属施設で修理可能」「Cat Ac：損傷有り。修理可能だが運用部隊付属施設での修理不可」「Cat B：損傷有り。修理可能だが整備部隊、民間補修委託会社、製造会社での修理が必要」「Cat C：損傷有り。修理可能だが地上教材としてのみ使用可」「Cat E：登録抹消、回収可能」、「Cat E1：登録抹消、部分・部品回収可能」「Cat E2：登録抹消、スクラップとして回収可能」「Cat Em：登録抹消、作戦飛行中行方不明」）

30
テンペストMkⅤ　EJ880　1945年2月
ヒルゼ－レイエン（B.77）基地　第33飛行隊
L・C・ルクホッフ大尉

1944年12月、第33飛行隊に到着したEJ880は、ルクホッフ大尉が搭乗していた1945年2月25日にⅠ./JG27所属Bf109編隊と交戦した。この戦闘で彼は敵2機撃墜という戦果をあげている。同一飛行任務で対空砲火が命中したものの、基地には無事帰還した。EJ880は修理のためホーカー社に送り返されたが修理完了は1946年12月のことで、標的曳航型への改造作業のため再度ホーカーに戻されるまでケンブルの第5MUで保管された。1952年4月から1954年10月までAPSシルトで使用された後、アストン・ダウンの第20MUへ送られ保管、1955年7月、製造会社に売却されている。

31
テンペストMkⅤ　EJ578　1944年9月　グリムベルゲン（B.60）
基地　第56飛行隊　ジェイムズ・J・ペイトン中尉

"ジム"・ペイトンはテンペストでの空戦でもっとも戦果をあげたパイロットのひとりであるが、常に「US◎I」のコードを記入した機体を飛ばしていた。このコードレターを最初に記した機体はEJ546であるが、V1飛行爆弾の爆発によってすぐに損傷し代替機となったのがEJ578であった。この機で彼は1944年9月29日に最初の戦果、Fw190単機の不確実撃墜を記録した。10月2日にビーモント中佐は同機を借りて自身最後となる空戦撃墜戦果をあげている。彼はこの10日後にPoWとなった。EJ578は10月31日に第419修理回収部隊へ移動、11月11日には第274飛行隊へと配備された。1945年1月14日、着陸時に脚部を損傷、1950年11月にホーカーの所有となるまでは、修理または保管状態にあったようである。

32
テンペストMkⅤ　EJ667　1944年12月
フォルケル（B.80）基地　第80飛行隊
ジョン・W・ガーランド中尉

EJ667はたいていの場合、ジョン・"ジュディ"・ガーランド中尉が搭乗していた。彼は1944年12月2日にMe262を撃墜、12月27日にはEJ667でFw190を1機、1945年1月1日にはFw190を2機撃墜している。EJ667は後に第3飛行隊に配備され、1950年には最終的にT.T.5標準仕様へと改造された。新たな任務で"第2の人生"を与えられたEJ667は標的曳航機としてレコンフィールドの中央射撃学校（コードレター「FJU◎M」）と、APSシルト（コード「K」）で使用された。1955年7月、同機はホーカーの所有となった。

33
テンペストMkⅤ　NV700　1945年3月
フォルケル（B.80）基地　第80飛行隊長　E・D・マッキ少佐

第80飛行隊の指揮をとっていた1945年1月に"ロウジー"・マッキ少佐はNV657を飛ばしていたが、2月2日にこの機が損傷を受けたため、彼は第56OTUに配備されていたことのあるNV700に乗り換えた。彼は印象的な撃墜記録の最後の単独撃墜3機をこの機体であげている。1945年3月7日にFw190D、4月9日にAr96が2機であった。4月の後半に損傷を受け、機体はSN189と交換された。補修の後、NV700は保管され1950年11月にホーカー社へ売却された。

34
テンペストMkⅤ　NV774　1945年3月
ヒルゼ－レイエン（B.77）基地　第222飛行隊
L・マッコウリフ大尉

テンペストが墜としたわずか3機のAr234のうち、1機の撃墜に関与しているのがNV774である。この機体が第222飛行隊に到着したのは1945年2月8日のことであるが、パイロットがミーティア戦闘機に転換するため1945年10月23日にウェストン・ゾイランドからモウルズワースに向け基地を去るまで同部隊で使用されていた。1945年3月14日、第222飛行隊はレーマーゲン鉄橋を攻撃したKG76所属のAr234単機を撃墜している。この戦果はNV774に搭乗したマッコウリフ大尉とNV670「ZD◎X」搭乗のマックレランド中尉が分け合った。NV774はウェストン・ゾイランドから第16技術訓練学校に移動、最後は1947年5月に同地で廃棄されている。

35
テンペストMkⅤ　EJ762　1945年11月
フォルケル（B.80）基地　第274飛行隊
デイヴィッド・C・フェアバンクス大尉

1944年9月28日に第274飛行隊へと配備されたEJ762が、作戦のため最初に使用されたのは10月17日のことで、搭乗者はフェアバンクス大尉であった。以降、11月19日に対空砲火でひどい損傷を被るまでフェアバンクスは好んでこの機体を使用した。修理を終えるや、12月17日にフェアバンクスはもう一度この機体で作戦に出撃、このとき2機のBf109撃墜と3機目は撃破という記録を残した。彼はそれから第3飛行隊の小隊長となるため転属している。1945年2月1日、EJ762は敵支配地域に強制着陸を行い搭乗していたパイロットのJ・G・ブルース大尉はPoWとなっている。

36
テンペストMkⅤ　NV722　1945年3月
フォルケル（B.80）基地　第274飛行隊長
ウォルター・J・ヒバート少佐

"ジェシー"・ヒバートはこの機体で一度も空戦戦果をあげてはいないが、1945年3月に第274飛行隊の指揮をとっていたあいだは好んでNV722を使用していた。ピエール・クロステルマン大尉も同機に搭乗し、彼が第274飛行隊に在籍していたあいだに少なくとも二度の戦闘機会に遭遇している。4月に損傷を受けたあと、第151修理部隊で修理され、第486飛行隊に1945年5月1日に「SA◎Q」として配備される。すぐ翌日にリューベック付近で対空砲により撃墜された。搭乗していたオーウェン・イーグルソン中尉（第486飛行隊のV1撃墜エース）は敵の追跡を逃れている。

37
テンペストMkⅤ　JN803　1944年10月
グリムベルゲン(B.60)基地　第486飛行隊
ジョン・H・スタッフォード中尉

1944年5月17日に第486飛行隊に到着したJN803はV1をもっとも"撃墜"したテンペストの1機となった。機体のキルマークは26を数えるが、これは誰か特定のパイロットによるものというよりは、13名あまりの者が同機で飛行してあげた戦果であるようだ。このなかでもスタッフォード中尉とカルカ准尉は両名ともにJN803で4基のV1撃墜を果たしている。11月に補修を受けた後、JN803は1944年12月7日に第3飛行隊に配備されたが、その23日後にJG27所属のBf109によって撃墜され、搭乗していたパイロットともども失われた。

38
テンペストMkⅤ　SN129　1945年5月
ファスブルク(B.152)基地　第486飛行隊長
コーニーリァス・J・シェダン少佐

SN129には戦時最後の第486飛行隊長となった"ジミー"・シェダンの階級ペナントとキルマークが記入されている。この機体が部隊に配属されたのは1945年3月13日のことで、4月10日には最初の戦闘戦果をあげている。このとき搭乗していたのは"スモーキー"・シュレーダーで犠牲となったのはFw190である。"ジャック"・スタッフォードもまたこの機体で4月12日にもう1機Fw190を撃墜し、シェダンは14日に3番目となる敵機を墜としている。翌日、SN129はまたもFw190に対して勝利を収めることとなった。搭乗パイロットのブライアン・オウコナーは1機撃墜、1機撃破の戦果をあげた。ちなみに損傷したFw190は、マッキ少佐と他の第80飛行隊パイロットによる協同撃墜が認定されている。シェダンは4月16日に協同撃墜を加え、5月2日には未確認四発飛行艇の協同撃墜(彼にとって最後の戦果となる)を果たし、部隊指揮官への昇進に華を添えた。第486飛行隊が解隊されたのは1945年9月で、同部隊所属のテンペストは第41飛行隊へと引き継がれた。なお第41飛行隊は1946年4月1日に部隊番号を第26に改めている。1946年4月26日、SN129はアストン・ダウンの第20MUで保管されることになり、1950年11月にはホーカー社に売却された。

39
テンペストMkⅤ　NV969　1945年4月
ホプステン(B.112)基地　第486飛行隊長
ウォレン・E・シュレーダー少佐

"スモーキー"・シュレーダーがもっとも華々しい時期に搭乗していたのがNV969で、第486飛行隊に到着したのは1945年3月末のことであった。彼がこの機体で最初に撃墜したのが4月15日でFw190を2機、さらに続いて短期間に濃密な戦果をあげている。Fw190を4月16日と29日に各1機、4月21日にBf109を2機撃墜、1機協同撃墜、29日にBf109を1機という内容である。NV969は戦後に保管されたり廃棄を待つというようなことなく、1945年6月19日、編隊飛行中に主翼パネルが脱落しコペンハーゲン沖の海に墜落した。搭乗していたパイロットのオーウェン・イーグルソン曹長はパラシュートで脱出した。

40
テンペストMkⅤ　EJ558　1944年10月
ブラッダル・ベイ基地　第501飛行隊
B・F・ミラー中尉(アメリカ陸軍航空軍)

EJ538の代替としてEJ558が第501飛行隊に到着したのは1944年8月31日のことである。"バッド"・ミラー中尉(アメリカ陸軍航空軍からの交換パイロット)がたびたび搭乗し、コクピットの前方に彼の"ダイバー"撃墜スコアが記入されていた。この機体でのミラー最後のV1撃墜戦果は、1944年9月24日から25日にかけての夜のことであった。これに続いてJ・A・L・ジョンソン中尉がEJ558に乗って1944年10月21日から22日にかけての夜間に2基撃墜を果たしている。1945年2月20日、機関砲の試射中に地上標的から飛んだ破片によって損傷、修理の後に第20MUに保管、1950年11月にホーカーへ売却された。

パイロットの軍装　解説
figure plates

1
第486飛行隊長　アーサー・E・アンバーズ少佐
RNZAF(ニュージーランド空軍)　1945年初頭

ノルマンディ作戦の期間中、2TAF(第2戦術航空軍)のパイロットには陸軍型戦闘服が支給された。これは戦闘区域に墜落した場合、連合軍人員であるかどうかを識別する一助にしようという意図による。第486(RNZAF)飛行隊長のアーサー・アーネスト・アンバーズ少佐はイラストに描かれているように、1945年の前半に至ってもこの戦闘服を着用、サイドアームも携行していた。また1942年支給の飛行ブーツを履いているが、この仕様のブーツを好むパイロットも多かった。1944年から1945年にかけての冬期、このほうがより暖かかったということもあるのだろう。帽子はフォリジ・キャップ(略帽)を被っている(2TAFではごく普通に使用されていた)。
(訳者補足：飛行ブーツに関して、原文に1942年という記述があるがこれは誤植と思われる。イラストに描かれるブーツは1936年仕様で、戦前ということもあり"贅沢"な素材とていねいな縫製で仕上げられたものである。ちなみに"1942年仕様のブーツ"というのは訳者が調べた限りでは存在しないが、1942年に"エスケープ・ブーツ"の試作品が試験的に使用されている。カーキの戦闘服は、37/40仕様と呼ばれる標準的な士官用戦闘服だが、テイラー・メイドかもしれない。左胸、イギリス空軍のウイング・マーク下に付けられた略綬は、左がDFC、その隣は戦後に1939－1945スターと呼ばれるようになる従軍徽章で1942年8月から採用されたもの。右端はおそらく「キャタピラー・クラブ」の会員を表すピン・バッジ。これは非公式のクラブであるがパイロット仲間では権威があり、もともとは1920年代のアメリカでパラシュート製造業者が授与したものに遡り、パラシュートの傘体がシルク製であることに因んでいる。つまりパラシュートを使用して脱出、無事生き残ったことの証である。キャタピラーは漠然とイモムシを示す言葉だが、この場合は絹のもとである蚕を指し、あえて訳すなら"お蚕の会"だろう。腰のベルト、ホルスター、予備弾薬ポーチも陸軍装備だが、熱帯用カーキ仕様のようである。右ブーツにダガーナイフを差し込んでいるが、ナイフについては2の説明を参照)

2
第150航空団飛行司令　ローランド・P・ビーモント中佐

第150航空団飛行司令であったローランド・プロスパー・ビーモント中佐が着用しているのは標準的なイギリス空軍の戦闘服で"エスケープ・ブーツ"を履いている。このブーツは必要があれば、逃亡時の助けとなるようにレギンス部分を切り離して民間の靴

に見せかけるようになっていた。右のブーツ側面にダガーナイフがリベット留めされているが、絡まったハーネスを切ったりコクピット内で偶発的に膨らんだディンギーに穴をあけるなどの緊急時に使用した。
(訳者補足："エスケープ・ブーツ"は1943年から制式に採用されている。レギンスと靴はワンタッチで取り外せるわけではなく、靴の隠しポケットに装備された小型のフォールディングナイフで切り離すという、意外に強引な方法がとられた。ブーツに固定したダガーは、F/S (フェーベーン・サイクス)の戦闘用ナイフ。先端を金属プレートで強化した革製の鞘に収められている。イラストで判断する限りビーモントが使用していたのはブレード幅の比較的広いセカンド・タイプとして知られるもののようだ。イラスト1のアンバースがブーツの中に入れているのはF/S戦闘用ナイフのサード・タイプ。こちらはセカンド・タイプに比べ幅が狭く、刃渡りが長い。空挺やSAS、コマンドーといった特殊部隊員が広く使用したため、光を反射しないように刃先からグリップ端まで黒染め加工してある。因みに全長11.5インチ (292.1mm)、刃渡りが7インチ (177.8mm)。いずれもグリップまで金属製で、切る、突くという使用以外に殴る場合にも用いやすくなっている)

3
タングミア航空団司令　デズモンド・J・スコット中佐
RNZAF　1943年後半

1943年後半のデズモンド・ジェイムズ・スコット中佐 (RNZAF)。当時、彼はタングミア航空団司令であったが、後にRNZAFで最年少 (26歳) の航空群司令に就任することとなる。彼のペットは"キム"と呼ばれるワイヤーヘアード・テリアであるが (愛犬協会の登録名は"ネイピア・セイバーII"である)、この犬はセイバー・エンジンのスリーブ・バルブを製造していた工場、タートン&プラッツ社からプレゼントされた。
(訳者補足：スコットは空軍省の要請でタートン&プラッツ社で激励演説を行っている。その2週間後にプレゼントされたのが"キム"ことネイピア・セイバーだった。しばらくして"キム"はスコットの乗用車ごと盗まれてしまい、その後の消息は不明)

4
第439飛行隊　A・ヒュー・フレイザー中尉
RCAF (カナダ空軍)

ヒュー・フレイザー中尉は第439 (RCAF) 飛行隊のタイフーン戦闘爆撃機パイロットであるが、彼もまた陸軍の戦闘服を着用し"エスケープ・ブーツ"を履いている。彼は終戦までの期間に68の飛行作戦任務を完遂し、敵機3機 (うち1機は非常に珍しいMe262) 撃墜をあげたにもかかわらず、いかなる叙勲の対象にもなっていない。2TAFにおけるタイフーン・パイロットの実戦勤務期間満了は通常、95から120飛行任務をこなすことになっていたことが理由であろう。

(訳者補足："エスケープ・ブーツ"にも何種か仕様があるようだが、イラストのものは1943年に制式となったもので、レギンス部分は牛皮革ではなくシープのバックスキンを使っている。イラスト2のほうは牛皮スムーススキンのようである。着用しているヘルメット (飛行帽) はもっともポピュラーな「タイプC」で1941年から導入されたもの。茶色のクロム革製、内部にワイヤは入っておらず顎のストラップがない。耳当て部分はソリッドゴムで、無線機のイアフォンが内蔵される。ゴーグルは「MkIII」、マスクは「タイプE」を装備)

5
第198飛行隊長　ジョン・R・ボールドウィン少佐
1943～1944年冬

タイフーンの撃墜王ジョン・ロバート・ボールドウィン少佐は1943年から1944年にかけての冬、第198飛行隊を指揮していたが、イラストはその時期を描いたもの。彼もまた26歳で航空群司令となっている。ボールドウィンが着用しているのは標準的なイギリス空軍の戦闘服に"メイ・ウエスト"と呼ばれた救命胴衣を着ているが、右胸にモノグラム (氏名の頭文字を意匠的に組み合わせたもの) が刺繍？されている。トラウザーズ (ズボン) の裾は外に出し"エスケープ・ブーツ"のレギンスを隠している。
(訳者補足：着用している救命胴衣は1941年仕様の大戦後期バージョン。もともとの1941年仕様は背中に三角のフラップが付いており、襟の部分で本体と接続されている。水中に落ちたとき胴左右の固定具を外すとフラップが浮き上がり、首から上を水上に持ち上げる助けとなるよう作用する。また、フラップは航空機から発見しやすくするという意図もあったようだが、1942年にフラップなしの仕様が導入された)

6
第274飛行隊長　デイヴィッド・C・フェアバンクス少佐
RCAF　1945年2月

デイヴィッド・チャールズ・フェアバンクス少佐 (RCAF所属だがアメリカ市民でもある) は、1945年2月に第274飛行隊長となった。大戦中、テンペストによる撃墜王であった彼は、標準的なイギリス空軍の戦闘服を着用し旧式の飛行ブーツを履き、トラウザーズの裾はブーツの外に出している。ヨーロッパにおける戦闘の最後の数カ月、2TAF前線部隊のパイロットの着こなしは、彼の出で立ちに比べてもっとラフなものとなっており、おそらく指揮官として部下に範を示さねばならないと感じていたのだろう。本書に収録されている写真を見れば、それがわかるだろう。
(訳者補足：彼の着衣はごく標準的なイギリス空軍の戦時勤務服で一般に「戦闘服」と呼ばれるもの。上下とも1941年に制定、導入されたものである。トラウザーズのポケットは縫製簡略のためフラップなしとなった後期の仕様)

原書の参考図書　SELECTED BIBLIOGRAPHY

AVERY MAX & SHORES, CHRISTOPHER, *Spitfire Leader*. Grub Street, 1997
BASHOW, DAVID L. Lt Col, *All the Fine Young Eagles*. Stoddart, 1997
BEAMONT, R. P. CBE, DSO & bar, DFC & BAR, Wg Cdr, *Tempests Over Europe*. Airlife, 1994
BEAMONT, R. P. CBE, DSO & bar, DFC & BAR, Wg Cdr, *Fighter Test Pilot*. PSL, 1986
BEAMONT, R. P. CBE, DSO & bar, DFC & BAR, Wg Cdr, *My Part of the Sky*. PSL, 1989
CALDWELL, DONALD, *The JG26 War Diary Volume Two*. Grub Street, 1998
DUNDAS, HUGH, *Flying Start*. Stanley Paul, 1988

FLANAGAN, MIKE, *Typhoon Types.* Newton, 1997
FRANKS, NORMAN, *The Battle of the Airfields.* Grub Street, 1995
FRANKS, NORMAN, *The Greatest Air Battle.* William Kimber, 1979
FRANKS, NORMAN, *Typhoon Attack.* William Kimber, 1984
FRANKS, NORMAN & RICHEY, PAUL, DFC, *Fighter Pilot's Summer.* Grub Street, 1993
HALLIDAY, HUGH A., *Typhoon and Tempest, the Canadian Story.* CANAV Books, 1992
LALLEMAN, R. DFC, Lt Col, *Rendezvous With Fate.* Macdonald, 1964
SHEDDAN, C. J. DFC, Sqn Ldr with FRANKS, NORMAN, *Tempest Pilot.* Grub Street, 1993
SHORES, CHRISTOPHER, *2nd Tactical Air Force.* Osprey, 1970
SHORES, CHRISTOPHER & WILLIAMS, CLIVE, *Aces High.* Grub Street, 1994
SCOTT D. J. , DSO, OBE, DFC & bar, Grp Capt, *Typhoon Pilot.* Leo Cooper, 1982
SCOTT D. J. , DSO, OBE, DFC & bar, Grp Capt, *One More Hour.* Hutchinson, 1989
SORTEHAUG, PAUL, *The Wild Winds.* Paul Sortehaug, 1998
SPURDLE, BOB, DFC & bar, Sqn Ldr, *The Blue Arena.* William Kimber, 1986
SWEETING, DENIS, DFC, *Wings of Chance.* ABP, 1990
THOMAS, CHRIS & SHORES, CHRISTOPHER, *The Typhoon and Tempest Story.* Arms & Armour, 1988
ZIEGLER, FRANK, *The Story of 609 Sqn.* Macdonald, 1971

Wing Operations Record Books	Air 26, PRO
Squadron Operations Record Books	Air 27, PRO
Combats Reports	Air 50, PRO
Fighter Command Losses and Claims	Air 16/961 & 962, PRO
2nd TAF Losses and Claims	Air 37/5, 6 & 7, PRO

翻訳の参考図書

ABATE, FRANK, *Oxford Desk Dictionary of People and Places.* Oxford University Press, 1999
FORSTER, KLAUS, *A Pronouncing Dictionary of English Place-Names including standard local and archaic variants.* Routledge & Kegan Paul, 1981
MANGOLD, MAX/GREBE, PAUL, *Der Grosse Dudden Aussprachewörterbuch.* Bibliographisches Institut AG, 1962
MILLER, G. M., *BBC Pronouncing Dictionary of British Names.* Oxford University Press 1971
UPTON, CLIVE/KRETZSCHMA, WILLIAM A.,JR/KONOPKA, RAFAL, *Oxford Dictionary of Pronunciation for Current English.* Oxford University Press. 2001
WELLS, J. C., *Longman Pronunciation Dictionary.* Longman Group UK Limited, 1990
Dictionnaraire de la prononciation française dans sa norme actuelle. Editions Duculot, 1987
Webster's New Geographical Dictionary. G.& C. Merriam Co., 1972
梅田 修 『ヨーロッパ人名語源事典』 大修館書店 2000年

BIRTLES, PHILIP, *World War 2 Airfields.* Ian Alan Publishing, 1999
CHORLEY, W.R., *Royal Air Force Bomber Command Losses of the Second World War Vol.1-Vol.4.* Midland Publishing Ltd., 1992, 1996
CLARKE, R.WALLACE, *British Aircraft Armament Volume 1 & Volume 2.* Patrick Stephens Ltd., 1994
CONGDON, PHILIP, *'Per Ardua Ad Astra' A Handbook of the Royal Air Force.* Ailife Publishing Ltd., 1987/1994
CORMACK, ANDREW, *The Royal Air Force 1939-1945 Osprey Men at Armes Series 225.* Osprey Publishing, 1990
FRANKS, NORMAN L.R., *Royal Air Force Fighter Command Losses of the Second World War Vol.1-Vol.3.* Midland Publishing Ltd.,1997, 1998, 2000
HALLIDAY, HUGH A., *Typhoon and Tempest The Canadian Story.* CANAV Books, 1992
HALLY, JAMES J., *The Squadrons of the Royal Air Force.* Air-Britain Publication, 1985
MASON, FRANCIS K., *Hawker Aircraft since 1920.* Putnam Aeronautical Books, 1991
MILBERRY, LARRY/HALLIDAY, HUGH, *The Royal Canadian Air Force at war 1939-1945.* CANAV Books, 1900
PRODGER, MICK J., *Luftwaffe vs. RAF Flying Clothing of the Air War 1939-1945.* Schiffer Military History, 1997
PRODGER, MICK J., *Luftwaffe vs. RAF Flying Equipment of the Air War 1939-1945.* Schiffer Military History, 1998
SCOTTS JERRY, *Tayphoon/Tempest in action.* Suadron/Signal Publishing Inc., 1990
SHORES, CHRISTOPHER/WILLIAMS, CLIVE, *Aces High Vol.1.* Grab Street 1994
SHORES, CHRISTOPHER, *Aces High Vol.2.* Grab Street 1999
Royal Air Force Aircraft P1000-R9999/W1000-Z9999/EA100-EZ999/JA100-JZ999/MA100-MZ999/NA100-NZ999/SA100-VZ999. Air-Britain (Historians) Ltd.
D・スコット著　岡部いさく訳 『英仏海峡の空戦』 朝日ソノラマ新戦史シリーズ32 （絶版） 1990
W・ジルビッヒ著　岡部いさく訳 『ドイツ空軍の終焉』 大日本絵画　1994

◎著者紹介　クリス・トーマス　Chris Thomas

タイフーン／テンペストについて英国でいちばんの権威として信頼されている研究家。航空研究者・愛好家の国際的団体として知られ、多くの出版物を刊行している英国の「Air-Britain」で、これまで20年以上にわたって貢献。父親はもとタイフーン・パイロット。戦史研究家クリストファー・ショアーズと共著に『The Typhoon and Tempest story』がある。

◎訳者紹介　岡崎宣彦　おかざきのぶひこ

大阪市生まれ。京都市立芸術大学日本画科卒。雑誌編集者を経て現在フリー。『イッツ・サンダーバード・センチュリー』『ITCメカニクス』の編集、『モデル・テクニクス』『ベーシック大攻略・ティーガーⅠ』（以上大日本絵画）の企画・執筆などのかたわら、模型原型製作（旧グンゼ産業ルパンⅢ世シリーズ等）や特撮映画ミニチュア（平成ガメラシリーズ）製作に参加。訳書に『サンダーバードクロスセクション　日本語版』（メディアワークス刊）などがある。飼い猫6匹、通い猫1匹有り。

オスプレイ軍用機シリーズ 30

ホーカー・タイフーンとテンペストのエース

発行日	2003年2月8日　初版第1刷
著者	クリス・トーマス
訳者	岡崎宣彦
発行者	小川光二
発行所	株式会社大日本絵画 〒101-0054 東京都千代田区神田錦町1丁目7番地 電話：03-3294-7861 http://www.kaiga.co.jp
編集	株式会社アートボックス
装幀・デザイン	関口八重子
印刷／製本	大日本印刷株式会社

©1999 Osprey Publishing Limited
Printed in Japan
ISBN4-499-22804-2 C0076

Typhoon and Tempest Aces
of World War 2
Chris Thomas
First published in Great Britain in 1999,
by Osprey Publishing Ltd, Elms Court,
Chapel Way, Botley, Oxford, OX2 9LP.
All rights reserved.
Japanese language translation
©2003 Dainippon Kaiga Co., Ltd.

ACKNOWLEDGEMENT

A wide network of Typhoon and Tempest pilots and groundcrew, enthusiasts and fellow researchers have helped me compile the records which support this publication. To them, I wish to express my thanks once again. I would particularly like to acknowledge the help of the following individuals; James and Michael Baldwin (sons of the late Grp Capt J R Baldwin), Wg Cdr R P Beamont, the late Hugh Fraser, Lt Col R A Lallemant, the late Sqn Ldr F Murphy, the late Grp Capt D J Scott, Sqn Ldr C J Sheddan and Sqn Ldr L W F Stark.

Thank you also to Christopher Shores, my co-author on The Typhoon and Tempest Story, and with Clive Williams, author of the seminal Aces High, from which I have, with permission, freely drawn information. Norman Franks also helped out with photos and extracts from some of his authoritative works (see the bibliography). Finally, thanks to Paul Sortehaug for supplying photos and extracts from Wild Wind, his recently published comprehensive history of No 486 Sqn, which is the result of many years dedicated research (copies are available from the author at 4 William Street, Dunedin, New Zealand).